U0338463

北方民族大学商学院博士文库

本成果受到"宁夏回族自治区'十三五'重点建设专业"项目资助

基于供应链视角的碳成本管理研究

A Carbon Cost Management Study Based on the Theory of Supply Chain

麦海燕 ◎著

经济管理出版社
ECONOMY & MANAGEMENT PUBLISHING HOUSE

图书在版编目（CIP）数据

基于供应链视角的碳成本管理研究/麦海燕著. —北京：经济管理出版社，2016.11
ISBN 978-7-5096-4628-1

Ⅰ.①基… Ⅱ.①麦… Ⅲ.①二氧化碳—排气—成本管理—研究—中国
Ⅳ.①X511

中国版本图书馆 CIP 数据核字（2016）第 237846 号

组稿编辑：杨国强
责任编辑：杨国强 张瑞军
责任印制：黄章平

出版发行：经济管理出版社
    （北京市海淀区北蜂窝 8 号中雅大厦 A 座 11 层 100038）
网　　址：www. E-mp. com. cn
电　　话：（010）51915602
印　　刷：北京九州迅驰传媒文化有限公司
经　　销：新华书店
开　　本：720mm×1000mm/16
印　　张：11.75
字　　数：208 千字
版　　次：2016 年 11 月第 1 版　　2016 年 11 月第 1 次印刷
书　　号：ISBN 978-7-5096-4628-1
定　　价：48.00 元

前言

近年来，全球气候变暖的趋势进一步加剧，发展低碳经济已成为当务之急。然而实施低碳的成本过高已成为低碳经济发展初期许多企业不能积极响应低碳理念的主要障碍之一，仅靠单打独斗已经很难适应低碳经济发展的趋势。借鉴供应链成本管理的现有做法可以很好地解决这一问题，这是因为从整个产品生命周期看，上游企业的碳排放成本必然会影响下游企业的碳排放成本，上下游之间的协同减排所取得的效果势必远远超过单个企业减排的效果。基于此，本书认为通过供应链管理的先进理念与手段，促使供应链上的企业共同实现低碳经营，在整个产品生命周期内挖掘降低碳排放的机会，无疑是一个可以实现可持续发展的创新途径。

本书将研究焦点集中在供应链碳成本的动因分析及控制决策方法上，即在构建二维五度供应链碳成本管理框架的基础上，以供应链碳成本差异的形成与消除为线索，研究供应链碳成本的动因、决策因子及决策方法，旨在通过供应链成本管理的手段，为企业实现低碳经营、挖掘降低碳成本的机会提供理论参考。研究内容主要包括三部分。

第一部分是供应链碳成本管理二维五度框架的构建。二维是指宏观维度与微观维度，五度是指宏观维度下的碳排放控制能力维度以及微观维度下的客户维度、供应商网络构建维度、产品设计网络构建维度、效率维度。本部分内容讨论了供应链碳成本管理的目标、特点、内容及方法，并在此基础上构建了供应链碳成本管理的二维五度框架，本书构建二维五度框架的目的，在于通过宏观维度的碳成本规划，对微观维度碳成本的控制形成宏观引导，同时通过微观四个维度的碳成本动因分析与决策，消除供应链四种碳成本差异，为供应链碳成本的宏微观管理提供理论支撑，并为随后各章节的展开奠定了理论基础。

第二部分是供应链碳成本管理的动因分析与决策。这部分研究内容是全书的主体，具体又分两章进行，即分别从宏观、微观维度对供应链碳成本的动因及决策进行了深入讨论。其中，供应链碳成本宏观维度的管理部分从战略性成本动因分析入手，阐述了结构性成本动因、执行性成本动因对供应链碳成本决策的影响，并通过因子分析法提取决策因子，然后根据决策因子建立决策模型，讨论了消除供应链碳成本"能力差异"的决策方法；供应链碳成本微观维度的管理部分，依次从客户、供应商、产品设计、效率等维度，在供应链各微观维度碳成本动因分析的基础上，以供应链碳成本"碳权差异"、"能力差异"、"设计差异"、"效率差异"的形成与消除为线索，提出了各维度供应链碳成本的决策方法与控制措施。

在主体部分，本书取得了三点创新性研究：

首先，提出了"供应链碳排放差异"的概念。根据供应链碳成本管理中目标碳排放量与宏观维度的可接受碳排放量之间、目标碳排放量与现行碳排放之间以及目标碳排放量与年碳排放量限额之间的差异，提出了"供应链碳排放差异"的概念，认为如果供应链所拥有的碳排放权额度（即年度碳排放限额）、碳排放控制能力（即可接受碳排放量）以及现有产品设计所引发的碳排放量（即现行碳排放量）不能满足生产目标产品所需的碳排放水平（即目标碳排放量），那么，供应链目标产品的生产经营将不能正常进行，研究这四种差异的形成与消除有利于厘清供应链碳成本管理的研究线索及最终实现目标碳成本的路径。

其次，提出了供应商低碳水平评价标准。本书在继承传统供应商选择标准的基础上，提出了供应商低碳水平评价原则与标准，为供应链生产网络的建立与分工提供了决策依据，其评价原则具体包括实物计量原则、可持续发展原则、努力程度原则等；评价标准则在传统评价方法的基础上，重点考量供应商的碳排放水平、低碳资质及低碳发展潜力。

最后，提出了供应链碳成本管理的路径。本书在对各维度供应链碳成本进行动因分析的基础上，采用因子分析法将碳成本动因进行决策因子提炼，然后以此构建相应的碳成本决策标准或模型，包括低碳化客户分类决策标准、碳权决策模型、低碳化供应商评价标准、低碳设备投资决策模型、产品设计网络选择标准、产品设计网络碳成本管理路径以及闲置生产能力利用决策等，从而为碳成本决策提供决策依据和管理路径。

第三部分是本书的研究结论及研究展望。

供应链碳成本管理要从宏观、微观两个层面进行才能取得供应链碳成本全面控制与实现的效果，碳排放量是供应链碳成本的计量基础，碳成本动因分析是进行供应链碳成本管理的依据，供应链碳成本管理的实质是"碳排放成本差异"的形成与消除过程。

与任何一本书一样，本书的出版也凝聚了无私、热情的帮助！

衷心感谢南京大学商学院的冯巧根教授多年来对我的悉心培养和指导！本书的出版得到了北方民族大学商学院领导的鼎力支持和帮助，在此表示衷心感谢！感谢经济管理出版社的大力支持！

本书在撰写过程中，参考和引用了许多国内外有关研究成果和文献，在此向提供这些研究成果和文献的专家学者致以诚挚的谢意。

供应链碳成本管理研究是一个较新的领域，目前尚处于起步阶段，本书也只是初步涉及这一领域。希望本书的探讨能对关心供应链碳成本管理的研究人员、经济类专业的高校学生有所帮助。限于水平，书中不当之处，敬请读者批评指正！

麦海燕

2016 年 5 月

目 录

第一章　绪论

第一节　研究背景

近年来，全球气候变暖的趋势进一步加剧，发展低碳经济已成为当务之急。然而实施低碳的成本过高成为低碳经济发展初期许多企业不能积极响应低碳理念的主要障碍之一。

低碳技术成本较高严重阻碍了低碳经济发展。中国要走低碳经济发展之路是全球气候变化背景下的唯一选择，因为只有发展低碳经济，中国才能实现经济转型，实现对国内环境的保护，避免技术与资本的锁定效应①。这是 2006 年底我国《气候变化国家评估报告》中明确提出的发展趋势。中国能否发展低碳经济，很大程度上取决于是否具备了相应的资金与技术。对应发展中国家来说，虽然国际市场上相应的低碳技术有很多，但因为资金限制，一般都缺乏足够的购买能力。此外，低碳技术的革新必然也会引发"锁定效应"，即这些低碳技术设备一旦形成基础设施系统，未来十几

---

① 所谓"锁定效应"，是指基础设施、机器设备、个人大件耐用消费品等，一旦投入，其使用年限均在 15 年甚至 50 年以上，其间不大能轻易废弃。

年将很难改变。因此，低碳技术成本将呈现出较高的态势，主要表现在两个方面：

首先，低碳技术转让困难。我们知道，根据《京都议定书》规定的减排目标，发达国家应该通过"技术推动"①和"市场拉动"②促进新能源技术与国际的合作，尤其是与发展中国家的合作。然而，很多发达国家因为担心向发展中国家提供新能源技术会增加其未来在国际市场的竞争对手，因此，《联合国气候变化框架公约》所规定的转让新能源技术一事，实际进展与预期相去甚远，这形成了低碳经济发展的最大障碍。

其次，发展中国家对新能源技术的应用也存在问题。现在的新能源技术引进有两种目的：一是为企业自身使用，二是为提高企业创新能力。大多数企业为迎合政府的低碳经济发展要求，在新能源技术上肯花钱，而且经济效益也十分显著，然而却很少有企业能够致力于对新能源技术进行消化、吸收，于是造成远水不解近渴，同时通过多次的技术引进后最终形成了技术依赖的被动局面。

低碳经济会对企业未来的经济发展形成约束是不容忽视的制约所在。目前，国外对低碳经济的概念都不约而同地强调了低碳经济发展以不影响社会与经济发展为前提，通过对低碳技术与相关制度的创新，尽可能地减少温室气体排放，从而实现可持续发展的长远目标。这一表述反映了低碳经济对企业未来经济发展形成了两大约束：能源约束、锁定效应。能源约束是指应对气候变化的实质是能源选择问题。近年来，全球性的经济高速增长使得资源供给远远无法满足其持续增长的需要，传统的高碳能源消耗模式已开始显现出不可回避的弊端，因此，世界发达国家已把低碳能源的开发作为重要的能源战略。

人类发展历史上经历了两次能源转型。第一次转型产生于19世纪，

① 所谓"技术推动"，是指政府和企业增加研究与开发（R&D）投入，加快技术开发的速度，通过为市场提供具有竞争力的技术产品来推动技术创新。
② "市场拉动"指的是一方面引导和刺激企业的R&D投入，另一方面通过"技术学习"效应（也称"干中学"），加速新兴技术的成熟与扩散。

即蒸汽机的发明、推广与应用使得以薪柴为主的可再生能源向煤炭的不可再生能源的转化，第二次转型发生在 20 世纪初，即从煤转向石油，驱动力是汽车和飞机的广泛使用，这次转型在近 20 年里提高了人类出行速度、运输能力，所耗费的不可再生能源如煤炭、油气、非化石能源的比例分别为 30%、60%、10%。

从现在开始，人类将开始第三次的能源转型，从不可再生能源向可再生能源转换，化石燃料和内部结构必须大幅调整。根据相关数据显示，2030 年的目标是非化石能源、油气和煤炭的比例分别占到 40%、30%、30%，到 2100 年，非化石能源则将近 60%、油气和煤炭各占 20% 左右。第三次能源转型的推手主要是气候变化。自工业化以来的 100 多年里，由于化石能源的加速消耗、温室气体排放的急剧增加引起全球性气温上升，致使冰山融化、海平面上升，各种灾害性现象也频频发生，因此能源的稀有化必将对企业竞争能力的提升形成能源约束。锁定效应是指在经济全球化的大背景下，中国等发展中国家渐渐成为世界工业基地，中国虽然因此得到了急需的资金和技术，取得了经济的快速增长，但所付出的代价不容忽视。我国的经济发展与扩张，大多是对常规技术进行简单复制，没有更加深入的研究与开发，这些低碳技术的投资一经投入便会因投资回报期较长而形成技术和资金的"锁定效应"，这些低碳技术投资的使用期限均在 15~50 年，其一旦被使用年限"锁定"，意味着提前更换会带来巨大的经济损失，当中国承诺温室气体减排或限排义务时，可能被这些投资"锁住"。

那么，企业该如何打破上述低碳障碍，在低碳经济发展模式下仍然能够获取核心竞争力？本书认为，供应链这一先进管理手段能非常有效地解决低碳约束、低碳成本高等问题，促进企业实施低碳。这是因为低碳经济与供应链管理的战略主旨都强调合作伙伴之间的互补与合作。

在低碳经济发展模式下，供应链管理可以促进链上成员低碳资源的互补与合作，具体表现在：

一、碳排放权的链间互补

供应链成员所在区域的经济发展水平往往存在着地域差异，不同企业拥有的碳排放权额度与其生产经营的碳排放需求也往往不一致，有些企业的碳排放权额度大于生产经营所需，出现碳排放权剩余，有些企业则出现不足。虽然随着碳排放权交易市场的逐渐发展与完善，企业可以从市场上购买短缺的碳排放权，弥补生产所需碳缺口，但这必然会增加企业碳成本。供应链企业之间的链内调剂则可以实现碳排放权在链内的互补，以碳排放权的内部转移代替市场交易成本，从而实现供应链整体碳排放权成本的节约。碳排放权的内部转移与调剂，可通过供应链核心企业的统筹规划实现，即在生产网络构建时，充分考虑各成员企业所拥有的低碳资源（如低碳技术、低碳设备、碳排放权等）及其减排能力，合理布局，使得整个供应链内各个成员的低碳资源实现共享与互补，从而实现节能减排总目标。

二、低碳技术合作

由于供应链上制造商与供应商在知识与业务上具有互补性，他们的合作创新能够提高技术创新的针对性与适应性，因此，供应链成员之间通过低碳技术合作的方式，可以实现低碳技术的创新。通过合作创新以降低风险，也可以降低其低碳投入。此外，采用供应链管理手段可以强化技术的扩散，低碳战略的实施需要包括制造商、供应商、服务商、消费者等供应链上各个成员均采用低碳技术，因此通过供应链的管理手段扩散低碳技术是十分有效的方法。

三、实现末端控制到全过程管理的转变

在低碳经济下，企业很难独自应对充满变量和不确定性的低碳化市场。从整个产品生命周期的角度看，仅靠单个企业节能减排，相对供应链减排而言只相当于末端治理，其所能减轻的环境负荷可谓杯水车薪。全过程减排则意味着要从整个产品生命周期的范围内进行，即供应链成员共同

努力，才能将低碳经营的环境治理开始从末端治理转为全过程治理。

经过上述分析可知，借助于供应链管理的先进管理手段探索发展低碳经济的途径无疑是一个新兴的研究视角。

第二节　研究意义

碳成本是企业在实施低碳经营战略中最为关注的经济指标。本书通过将低碳经济与供应链管理的先进理念与手段相结合，从分析供应链碳成本动因入手，构建了一个供应链碳成本管理的二维五度框架，旨在通过供应链成本管理的手段，为企业实现低碳经营、挖掘降低碳成本机会提供理论参考。

本书的研究意义包括：

一、本书所构建的二维五度框架为供应链碳成本管理奠定了理论基础

通过将低碳经营理念与供应链管理这一先进管理手段有机整合，构建了供应链碳成本管理的二维五度框架，较为深入地探讨了它们之间的联动关系，提出了供应链碳成本管理的理念和碳成本管理的方法，较为全面地论述了降低碳成本的管理策略，为随后各章节的展开奠定了理论基础。其中，二维是指宏观维度与微观维度，五度是指宏观维度下的碳排放控制能力维度以及微观维度下的客户维度、供应商网络构建维度、产品设计网络构建维度、效率维度。本书构建二维五度框架的目的，在于通过宏观维度的碳成本规划，对微观维度碳成本的控制形成宏观引导，同时通过微观四个维度的碳成本动因分析与决策，消除供应链四种碳成本差异，对供应链碳成本的宏观调控提供理论支撑。

二、本书提出的"供应链碳成本差异"为供应链碳成本管理提供了研究线索

从宏观、微观两个维度对供应链碳成本管理进行了深入讨论，根据供应链碳成本管理中宏观维度的可接受碳排放量与微观维度的目标碳排放量之间、目标碳排放量与现行碳排放量之间、目标碳排放量与年碳排放量限额之间、可接受碳排放量与现行碳排放量的差异，提出了"供应链碳排放差异"的概念，并指出研究这四种差异的形成与消除有利于厘清供应链碳成本管理的研究线索及最终实现目标碳成本的路径。以供应链碳排放差异的形成与消除为线索，可明晰供应链目标碳成本的管理路径，旨在引导供应链碳成本管理者从动因分析入手，为进行碳成本决策提供依据进而控制碳成本并最终实现目标碳成本提供思路。

三、本书在继承传统供应商选择标准的基础上提出了供应商低碳化水平评价标准，为供应链生产网络的建立与分工提供了决策的依据

本书供应商低碳化水平评价方法中，首先提出了评价原则，包括实物计量原则、可持续发展原则、努力程度原则等；其次提出了不同于传统评价方法的供应商低碳化水平的评价指标，主要包括供应商的碳排放水平、低碳资质及低碳发展潜力等。

四、本文提出了供应链碳成本管理的路径

本书在对各维度供应链碳成本进行动因分析的基础上，采用因子分析法将碳成本动因进行决策因子提炼，然后以此构建相应的碳成本决策标准或模型，包括低碳化客户分类决策标准、碳权决策模型、低碳化供应商评价标准、低碳设备投资决策模型、产品设计网络选择标准、产品设计网络碳成本管理路径以及闲置生产能力利用决策等，从而为碳成本决策提供决策依据和管理路径。

第三节 研究体系结构

全书共六章：

第一章的绪论部分主要论述了研究背景、研究意义、研究体系结构与研究方法。

第二章阐述了本研究所依据的理论基础，对相关文献分别从碳成本、成本动因分析、供应链成本管理等方面归纳总结了最新的研究进展和动向，并对已有研究进行了述评。

第三章构建了供应链碳成本管理的二维五度框架，具体包括供应链碳成本管理框架的建立基础、供应链碳成本管理框架等，为以后各章节奠定了理论基础。

第四章在供应链碳成本战略性成本动因分析的基础上对供应链可接受碳成本的确定、评估及决策方法进行了较为系统的阐述。

第五章以供应链碳成本差异的形成与消除为线索，在供应链各微观维度的碳成本动因分析的基础上，通过因子分析法进行供应链碳成本决策因子的提取，提出并构建了供应链微观维度的碳成本决策标准或模型，为供应链碳成本管理理论与实践提供了有益的参考。

第六章是研究结论与展望。

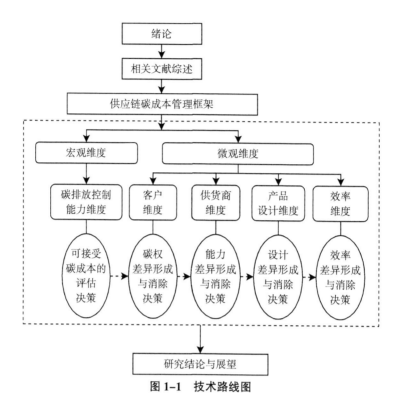

图1-1　技术路线图

第四节　研究方法

本书采用的主要研究方法如下：

一、系统理论法

本书引用了战略成本管理理论、生命周期理论、交易成本理论、跨组织成本管理理论等系统理论的观点，运用这些理论的研究成果是本书进行研究的关键。

二、对比研究法

本书通过比较研究传统的供应链成本管理与供应链碳成本管理理论和方法之间的不同，提出了供应链碳成本管理的二维五度框架，为本书的研究提供了理论支撑。

第二章　理论基础与文献综述

第一节　理论基础

一、利益相关者理论

利益相关者管理理论是美国经济学家 Freeman（1984）在《战略管理：利益相关者管理的分析方法》中明确提出的，书中提出了一个广义的利益相关者定义，即任何能够影响组织目标的实现或被组织目标的实现所影响的群体或个人都是组织的利益相关者，如何识别利益相关者是利益相关者分析的起点。利益相关者理论认为，一切与企业存在交易关系的个人和团体都可能成为企业的利益相关者，包括股东、债权人、雇员、供应商、客户、政府部门、相关的社会组织和社会团体等。

该理论对供应链碳成本管理理论研究的作用在于：①供应链可以根据利益相关者的需求将供应链客户进行低碳化分类，分析其客户成本，争取或保留低碳成本客户，放弃高碳成本客户，可以使得供应链碳成本管理从源头寻找到降低碳成本的机会，制定出更加合理的客户管理决策，从而实现供应链碳成本的最小化、利润最大化的整体目标；②根据供应链利益相关者的需求确定出供应链目标碳成本、目标碳排放。供应链具有怎样的目标碳成本，取决于供应链的利益相关者——客户具有怎样的低碳需求，供应链碳成本管理者只有充分理解了利益相关者——客户的需求，才能制定出符合利益相关者需求的供应链碳成本决策。

二、生命周期理论

1966年，美国哈佛大学教授 Raymond Vernon 在其论文《产品周期中的国际投资与国际贸易》中首次提出了生命周期理论（LCI）。该理论认为，供应链必须从产品概念设计阶段就要开始考虑产品生命周期的所有环节（包括设计环节、生产环节、使用环节直到报废后的处理或回收再生等）。

该理论对本文研究的启示在于：首先，供应链管理可以视为广义的生命周期管理和可持续发展中的一个组成部分。这两种整体性方法为在企业的活动中应用系统思考方法提供了机会。基于这种思想，我们引入了生命周期理念评估生产、使用和废弃产品或服务的总成本。其次，供应链管理是将客户—供应商双边关系拓展到包含整个上游链条的一个整合概念，它不是专注于公司部门（如采购、生产和物流）的管理方法而是更加专注于产品本身及产品生产、使用和报废相关的所有上下流程。在更加整体化的观念中，供应链可以看作生命周期管理和可持续发展的一部分。最后，采用 LCI 概念后，本书就可以确定产品开发、生产、使用、周期结束所产生的所有碳成本，据此提出二维五度框架来识别和供应链产品生命周期中的碳成本驱动因素，从而获得最小的碳成本。因此，从研发开始，设计、采购、生产、销售、使用直至回收，每个阶段都会影响到碳成本，供应链碳成本管理的研究视野唯有囊括产品的整个生命周期才能更加完整地追溯产品的碳足迹。

三、交易成本理论

R. H. Coase（1937）在《企业的性质》中分析企业的起源和规模时，首次提出了交易成本的概念，他认为交易成本是基于信息的不对称性、有限理性和机会主义而产生的。科斯解释了经济活动必须在企业内部进行的原因，他认为企业和市场是两种可以相互替换的调节手段，作为一个机构，企业有别于市场，能以市场无法做到的方式组织经济活动，也就是说企业先天就具有"组织优势"。当通过市场完成交易的成本太大时，企业就可以取代市场，通过较低的成本实现其目标。而一旦企业内部无法实现其成本目标，则交易随时有可能返回公开市场。可见，交易成本法极其关注商业相互关系的准备、协商、实施、监督和调整所引起的全部信息和协调成本。

该理论对本书的启示是：供应链碳成本的管理需要从改善链上成员企业的关系入手，充分沟通，提高交流效率，从而降低整个供应链的碳成本。

四、跨组织成本管理理论

跨组织成本管理（IOCM）是供应链成本管理的基本思想，也是研究供应链成本管理的结构性方法。其目标是通过供应链中企业的紧密合作行动来缩减整个供应网络的成本，而不是执行仅仅提高自身效率的方式。IOCM一是有助于发现提高企业相互交流效率的方法，使得各个企业独立实施成本缩减项目获得更低的成本；二是能协助企业及其供应商和采购商发现设计产品的新方式，帮助寻找提高企业之间相互交流效率的方式从而以更低的成本进行生产，此外还可以帮助企业及其采购商和供应商在产品设计及生产阶段寻找降低产品生产成本的方法。

该理论对本书的研究启示在于：供应链所有成员企业必须通过共同的努力才能降低碳成本。为了完成这个目标，所有参与的企业应该增加整个供应链的效率而不是他们自身的效率。如果整个供应链联盟的效率能够更高，则供应链成员所能分得的利润自然也更多。在产品开发阶段，供应链需采用诸如价值工程（Value Engineering）、功能—价格—质量悖反、供应链可以通过跨组织成本调查、协作成本管理等方法找到供应链成员的成本改进模式，类似的，改善成本法和价值分析则是在生产阶段约束和实现跨企业碳成本管理的主要方法。

五、价值链理论

价值链理论是由迈克尔·波特（Michael Porter）于 1991 年提出。该理论认为，企业创造价值的过程可分解为一系列互不相同但又关联的增值活动，每一个企业所从事的在经济上和技术上有明确界限的各项活动都是价值活动，从而构成"价值体系"，这些相互联系的价值活动共同作用为企业创造价值，从而形成企业的价值链（Value-chain）。价值链上各环节相互关联、相互影响，各环节的运行质量发生问题会直接影响到其他环节，对整个价值链造成质量损失，并对整个价值体系产生很大影响。因此，企业可以采取扬长避短的策略，将自身薄弱环节的生产经营外包给对此擅长的企业，从而使得价值链的活动质量整体得以提升。价值链分析拓展了成本管理的视角，将成本管理的重心从企业内部延伸到了组织边界，即充分利用和考虑了价值链伙伴的贡献。供应链其实是一种联盟结构，包括采购企业—生产企业—销售企业组成的价值链联盟，是一种具有强大增值能力的价值链。

该理论对本书的启示在于：供应链碳成本管理需要从整个供应链联盟的范围内，寻找、剔除那些不能为低碳产品客户价值增值的高碳环节，如此才能实现降低供应链碳成本的目标。

六、战略成本管理理论

战略成本管理是供应链成本管理的理论基础。战略成本管理（Strategie Cost Management，SCM）阐述的是通过战略性的成本信息对战略加以选择，并对不同战略选择下的成本管理组织方法提出了相应理论。战略成本管理理论的核心思想主要包括下面三点：一是实施战略成本管理的目的是建立和保持企业的长期竞争优势，从而实现成本的战略性降低；二是战略成本管理的边界已突破单个企业本身，强调全方位与多角度的成本管理；三是战略成本管理强调立足预防、成本避免，从宏观上控制成本的源头。桑克模式，是战略成本管理的主要模式，包括价值链分析、战略定位和成本动因（Shank & Govindarajan，1993）。

该理论对本书的启示在于：供应链碳成本管理必须首先从宏观层面对供应链碳成本进行把控，分析战略性成本动因，明确影响供应链碳成本的宏观因素，从而为随后的供应商网络设计、产品网络设计及作业性动因分析提供理论支持。

第二节 文献综述

根据研究目的，本书将从碳成本、成本动因分析、供应链成本管理等方面对国内外的研究现状展开综述。

一、碳成本研究

（一）国外研究现状

近几年来，随着气候变化的加剧，降低二氧化碳排放日渐成为人们关注的焦点，低碳经济的发展使得环境成本的研究逐渐聚焦在碳排放成本上来。因此，碳成本是环境成本的一个分支，碳成本研究需在环境成本相关研究成果的基础上展开。

1. 关于环境成本定义、构成、分类的研究

联合国国际会计和报告标准政府间专家工作组第 15 次会议文件《环境会计和财务报告的立场公告》中曾经提出了环境成本的定义，即"环境成本是指本着对环境负责的原则，为管理企业活动对环境造成的影响而被要求采取的措施成本，以及因企业执行环境目标和要求所付出的其他成本"。这是目前理论界广泛采用的有关环境成本的定义。Feremna（1993）对环境成本的考虑角度则侧重于经济学和宏观环境状态变化：即任何环境问题都会存在经济影响，环境变化必然会影响到成本和收益，即环境成本与环境

收益。环境状况的改善以货币的量化体现，即为环境收益；而环境状况的恶化，所带来的经济损失或破坏就是所谓的环境成本。世界银行（1997）在其《展望 21 世纪的中国环境》中将环境成本定义为产品生产过程中耗费自然资源的价值和相关生态资源价值减少的货币表现。该定义提出了环境成本与自然资源、生态资源耗费等价值减少之间的因果关系，但却认为环境成本局限于产品的生产过程，从而使得该定义范围不够全面。1993 年，加拿大特许会计师协会（CICA）将环境成本分为环境对策、环境损失两类。1995 年，美国环境保护署（EPA）将环境成本划分为四类，即传统成本、潜在（或隐没）成本、或有环境成本、形象与对外关系成本等。1995 年，德国对环境成本的分类更加注重环境成本及环境负荷之间的关系，即按流转过程中的不同阶段分为事前的环境预防、残余物质成本、不含环境费用的产品成本、事后的环境保全等成本。联合国可持续发展局（UN-DSD）认为，企业的环境成本主要包括预防、处置、计划、控制污染以及治理危害等作业而发生的成本；日本环境省则按照企业价值链的顺序，将环境保护成本分为经营领域中的环境成本、上下游成本、行政管理成本、环境补救成本及其他环保成本。

从上述对环境成本的定义看，只要企业所从事的活动对环境产生影响，就需要承担环境成本，而二氧化碳排放会导致全球气候变暖已成为不争的事实。因此，随着低碳经济的逐渐深入，但凡使用化石燃料发生二氧化碳排放的企业或单位，都必须承担相应的环境成本，即所谓"碳成本"，也就是说碳成本是环境成本的子集。

2. 碳成本与碳会计

碳成本问题的提出源于碳会计问题从排污权交易会计框架内中的分离。最初，碳会计问题被纳入排污权交易会计框架内进行探讨。自 20 世纪 70 年代，作为环境管理的有效手段的排污权交易的会计处理成为了近年来环境财务会计的热点与难点。依据 1993 年 3 月的《空气清洁法修正案》，美国联邦能源管制委员会（FERC）首次发布排污权交易会计处理的委员会文件即 18CFRParts 101 和 18CFRParts 102，该报告对排污权的分类与价值评估、排污权费用的确认及报告等都做出了详细的规范（GISPRI，2003），但未能以历史成本对企业免费分配取得的排污权进行会计处理，故 Jacob R.Wambsganss 和 B. Rent.Sanford 在 1996 年对此进行了修正。2004 年 11 月，日本会计准则委员会（ASBJ）发布了《排污权交易会计处理》的 15 号实务对应报告，而 2006 年 7 月 ASBJ 7《企业分离会计准则》和 ASBJ 9《存货评估会计准则》的公布，又使得 ASBJ 15 不得不予以修正（ASBJ，2006），该报告修订后按照《京都议定书》的协议，把排污权分为两类，一类作为无形固定资产入账，另一类以交易为目的的排污权则按金融商品会计基准进行处理。

随着全球气候的日渐变暖，企业 CO_2 排放及交易会计实务的紧迫性日益加剧，西方会计学界开始关注全球气候变化引起的会计问题。有学者率先指出，碳排放交易的会计事项处理不应局限于传统会计框架内，应设置碳账户来处理其不确定性和风险（Gray，2002）。由此，碳会计应运而生，且已成为当前环境财务会计领域的前沿点。

欧美等国的会计准则可提供碳汇（Carbon Sink）和碳源（Carbon Source）传统财务会计框架内的会计处理；但对碳排放事项的风险和不确定性引发的收益或损失尚未做出反映、计量与披露。不过相关机构和行业如全球最大的投资者合作应对气候变化项目——碳披露项目已经开始积极地披露其相关风险，该项目由 385 家机构投资者组成，旨在促进机构投资者和企业管理层能够针对气候变化的相关问题进行交流对话，并以此向各利益相关者展示他们在碳信息披露和排放管理方面承诺的执行情况（IGCC，2006）。

随着 ISO2006（ISO 碳生态足迹制度）的标准化、日本环境省（2009）温室气体排放与交易制度的完善以及可持续会计项目 ICAEW2008 的推进，碳会计信息的披露问题越来越引起各方关注，并有从表外非财务信息逐渐向表内财务信息转移的趋势；除传统财务会计要求的确认、计量及披露之外，碳成本战略管理与决策也受到环境会计学者广泛的关注，因为其会直接影响到企业财务业绩、股东价值的最大化。Mylonakis（2006）提出了一个考虑时间因素的扩展的成本效益分析（CAB）模型用于环境成本分析，

Lohmann（2009）通过案例分析研究了京都协议对成本效益原则在碳会计中的运用。

3. 关于碳成本计量的研究

对于碳成本计量，国外学者比较注重案例研究。如加拿安大略电厂ICF（1996）的案例以"环境成本指南"的形式，通过将外部性成本内部化，研究了温室气体排放成本的计算方法，计算出其在研究期间共发生碳排放成本 2100 多万加元。Perkins（2004）认为运输距离是碳排放应该关注的重点。Vidal（2007）研究了不同运输途径的碳排放，对不同物流方式进行碳排放成本效益，发现航空业因受到《京都议定书》的影响而受到很多关注与限制，但每年碳排放只占全球总量的 2%，船运业却因未受到关注与限制，超过了全球碳排放总量的 5%；De Fraga（2007）通过研究发现节能汽车的生命周期成本比传统汽车吉普更高。Scharlemann 和 Laurance（2008）在对生物能源的碳排放经济性进行研究后提出，我们还必须考虑生产燃料所需要的粮食、维持生态多样性等的环境后果，即生物能源也是有碳排放成本的。Engels（2009）通过案例研究发现，打印机的碳排放成本如果从源头算起，应该包括原材料制造与运输过程、员工工作、打印机生产过程使用能源、废品处理过程、产品寿命终了资源回收利用时发生的所有碳排放。Walters（2006）发现，澳大利亚原点能源（Origin Energy）公司在太阳能领域投资 2500 万美元后碳排放减少 3000 万吨。Larry Lohmann（2009）研究了《京都议定书》所倡导的碳成本效益分析及碳会计的技术。

4. 关于碳排放交易机制的研究

近年来，由于其理论价值的重要性及现实意义的巨大性，碳减排问题逐渐成为国外相关学者的研究焦点。比如 Painuly（2001）探讨了 CDM 项目对发展中国家的利弊，认为附件 2 国家可以通过排放权交易市场来获利，且其收益在非附件 2 国家中有望实现最大化。Edwin Woerdmann（2001）通过实地资料和理论分析，研究结论表明，所谓"联合履约机制（JI）和清洁发展机制（CDM）的交易成本将比国际排放贸易机制（IET）的交易成本更高"的观点并不完整。Scott E.等（2004）则对排放交易区域环境标准的执行和交易成本之间的关系进行了论证，研究结论表明严格执行环境标准会影响交易成本，并迫使区域削减成本。Klaassen 等（2005）研究了在规定排放权自由多边交易及拍卖交易的情境下，通过博弈实验，证明经典的市场效率理论可以运用到排放权交易市场，即通过排放权交易可以达到市场均衡，从而实现经济效率的最大化。Veld 和 Plantinga（2005）则通过建立基于时间轴的最优化决策模型，证明了碳排放权价格持续上升时，在原有碳减排项目（Carbonabatement Project）不变的同时碳埋存（Carbon Sequestration）的延缓可降低企业减排成本。Bruneau（2005）研究了碳排放政策模式对低碳经济实现的重要影响，认为即使是设定了经济学意义上的最优的碳排限制，低效率的国家层面的监管模式依然会导致国家承担巨大的额外成本。Lund（2007）通过微观经济学层面的分析认为，即使是同样的排放权交易框架（ETS），不同行业碳成本上升的比率仍然存在着较大的差异。Michael Gillenwater 和 Clare Breidenich（2009）研究认为，在排放交易机制下通过使用碳排放权交易证书，可以促使电力行业的碳成本内化。Jeff Pope 和 Anthony D. Owen（2009）则讨论了排放权交易计划中有关潜在收益的影响、政策成本及总体税收政策等问题。Castro 和 Michaelowa（2010）认为在 CDM 机制下，排放权价值折扣（Discounting the Value of Emission Credits）对发达国家的执行 CDM 项目具有明显的抑制作用，而对欠发达国家执行 CDM 项目则具有较大的促进作用。Myunghun Lee（2011）以韩国电力行业为例，研究了二氧化碳的内部和外部交易所存在的潜在节约成本，认为使用不同燃料的发电企业通过彼此碳排放权的交易，可以大大削减各自或整体的碳排放成本。

5. 关于建立碳成本决策模型的研究

Copeland 和 Taylor（2005）通过微观最优化决策模型，包括双产品（即高污染产品、低污染产品）、双因子（即劳动力供给因子、废气排放因子）以及多国家情境下的参与等，研究了不同贸易自由度以及排放权交易自由度的情形下，国家总福利以及社会污染总排放的变化情况。Subramanian

等（2007）通过构建企业在投资减排、拍卖排放权、实施生产三个阶段的博弈模型得出了最优减排策略。Mandell（2008）以构建随机模型的方式从理论上证明，在特定的市场机制下，排放权限制与交易（Cap-and-trade）和碳税两种政策，其同时使用的经济效率要高于单一的使用。Bing Zhang等（2011）采用代理模型研究了排放权交易市场中交易成本对企业碳排放的影响，认为交易成本可以阻止少量的交易并减少整体排放交易数量，降低市场有效性。

（二）国内研究现状

1. 关于碳成本性质的研究

Saurav Dutta（2008）对碳排放成本进行了扩展的价值链分析。作者首先揭示了当前衡量企业业绩的考核方法存在的缺失，即存在"外部性成本"与生产经营费直接相关的"隐藏成本"，指出现有财务报表上的利润都是夸大了的数字，没有核算、列示出企业的环境成本，不利于引导企业减少对稀缺资源的使用、对环境污染的行为，不利于企业的可持续发展；在分析碳会计原理与核算中存在的问题之后，将碳足迹纳入了分析决策的价值链中，建立了扩展的企业盈利与顾客价值分析框架，指出很多决策因不能增加顾客价值而被认定为不可行，但一旦将价值链分析扩展到了追踪温室气体排放时，则变得可行，说明只有将企业的碳排放行为与价值链分析结合起来，既考虑顾客价值也考虑社会价值，才能做出真正对社会有益的决策来。周志方和肖序（2010）认为，碳成本问题的提出源于碳会计问题从排污权交易会计框架内中的分离。杨洁（2010）从战略成本管理的角度，阐述了加强碳成本管理的必要性以及企业通过战略定位分析、价值链分析及动因分析等战略成本管理方法施行低碳战略的方法。唐跃军和黎德福（2010）认为，由政府来界定社会环境资源的初始产权，并建立起环境能源交易市场，可以将企业引导到环境资源交易的轨道上来，从而推行清洁发展机制。李莉（2011）则采用夏普利（Shapley）博弈模型研究了碳排放成本对我国石油行业的传统利润获取模式可能产生的影响，结论认为，将碳排放成本加入我国石油供应链的博弈之后，我国石油供应链的超额收益将会降低，与此同时，若客户需求失去刚性，则我国石油供应链的获利模式很难再持续。

2. 关于碳成本影响因素的研究

何军飞等（2006）指出，CDM 项目碳成本的影响因素包括基准线电源结构的变化、项目发电量、项目基本投资以及 CDM 项目的年运行维护费用等，其中项目发电量的影响最大，CDM 项目的单位碳成本降低，需综合考虑多因素的影响与作用。张友国（2010）通过投入产出结构的分解方法，对我国 1987~2007 年经济发展方式的变化对 GDP 碳排放强度的影响进行了实证分析。林伯强和刘希颖（2010）根据我国具体国情对 Kaya 恒等式做出修正，研究了中国现阶段碳排放的主要影响因素并提出了相关的政策建议。王峰等（2010）采用对数平均 Divisia 指数分解法，把中国能源消费引发的 1995~2007 年的二氧化碳增长率分解为 11 种驱动因素的加权贡献，并将这一时期划分为 6 个时间段，对每一种驱动因素进行了较为深入的研究。孙传旺等（2010）以碳强度为约束，提出了全要素生产率指数的概念，认为在碳强度约束下技术进步是促使全要素生产率提高的首要因素。朱淀（2011）以江苏省 353 个工业化程度较高的工业企业作为案例，利用带罚函数的 Logistic 回归模型，研究了企业低碳生产意愿的影响因素。研究表明，企业内部特征如管理者、企业规模、技术创新行为等因素，以及企业产品出口与否、ISO14000 系列环境管理认证与否、政府管制与否都会对工业企业的低碳生产意愿产生显著影响。杨颖（2012）利用四川省连续几年的相关数据，采用数据包络分析的方法，研究了四川省低碳经济发展效率并进行了评价。门峰（2012）以汽车行业为例，采用战略成本动因理论研究了低碳经济环境下汽车企业竞争力所独有的特征，构建了汽车行业的企业竞争力评价指标体系，通过 AHP 方法分析了汽车企业核心竞争力的关键影响因素。路超君（2012）首先在分析了低碳城市内涵和特点的基础上，识别了我国城市低碳发展的影响因素，包括城市主体水平、发展结构水平和管理水平等；其次采用专家咨询法、建立解释结构模型（OET），绘制了多级递阶结构图，从而理顺各因素间的结构关系，阐明了彼此间的内在关联性和层次性。

3. 关于碳成本构成的研究

林德荣（2005）从 CDM 森林碳汇市场的视角研究了碳交易成本的构成、特征与大小，并提出了降低该交易成本的途径。其中，碳交易成本按照 CDM 在森林碳汇市场上的执行程序可分为搜寻、谈判、档设计、批准、正式生效、注册、监测、核实、认证本、强制实施等成本。宁宇新（2010）探讨了碳成本含义及碳成本管理的重要内容，认为碳成本是企业因碳排放而产生的代价，广义碳成本相当于环境成本，狭义碳成本则与传统成本接轨，以便于企业进行有效的生产和管理。金锁（2010）认为，环境成本包括废物的避免和处置成本、空气质量的保持和提高成本、泄漏污染物的清除成本、有利于环境的产品开发成本、环境审计和检查的成本等。罚款、罚金、赔偿等不在这一定义范围之内，但应予以披露。刘婷（2011）认为，碳成本是指企业在经营过程中如采购、生产、存储、销售等环节为解决和补偿碳排放造成的环境污染及生态破坏所需的费用之和，也就是说碳成本是环境成本的一个重要组成部分。赵珊珊（2011）研究了国际碳排放交易中的碳交易成本与收益，指出从事国际碳排放交易既能为企业带来技术改进、行业生产率提高、弥补资金缺口等利益，也存在市场进入、污染外溢、CDM 风险等成本，二者比较的结果可以在既定的标准约束下实现帕累托最优。杨蓓（2011）认为，碳排放成本是企业为预防、计划、控制碳排放而支出的一切费用，以及因超出既定的碳排放量而造成的一切损失之和。因此，碳排放成本结构应由预防成本、鉴定成本和损失成本组成。作者分析指出，短缺碳排放成本曲线成 U 型，长期碳排放成本曲线则呈上升趋势，预防成本与鉴定成本的权衡是降低碳排放成本的关键。林靖珺（2012）认为，碳成本是碳排放超标后对环境造成的损害，而碳排放成本则是为预防、控制、消除碳排放污染后果而发生的可以货币计量的经济利益流出，并指出碳排放成本的范围小于碳成本，广义的碳成本近似于环境成本。曹海英（2012）采用因子分析法提取了影响零售商主导型绿色供应链管理实践的 3 个主因子（"绿色采购管理"、"自身绿色管理"和"绿色营销管理"）及制约因素的 5 个主因子（"上游供应商因素"、"企业自身因素"、"政策因素"、"下游消费者因素"和"环保 NGO 因素"）。通过相关分析、回归分析揭示了零售商主导型绿色供应链管理实践与制约因素之间的关系，构建了零售商主导型绿色供应链管理的动力机制模型。

4. 关于碳成本计量的研究

徐瑜青等（2002）通过火力发电厂的案例研究，论述了外部环境成本的内部化方法及内部环境成本的分配法，其中对理论界常见的三种环境成本计量方法进行了简单介绍，即"市价法"（以污染造成损害的价值作为计量基础）、"享乐定价法"（以污染后果的清除与损害赔偿补救的成本作为计量基础）、"或有估计法"（以预防污染发生的成本作为计量基础）。市价法最具直接性但因损害不易测量而缺乏可操作性，后两种相对更易操作，享乐定价法侧重于将污染者对环境损害的责任量化为补救措施费用，或有估计法则主张预防为先。何军飞等（2006）以广东省风力发电技术应用作为清洁发展机制（CDM）项目案例，介绍了应用增量成本分析方法计算风力发电 CDM 项目的单位碳成本，并对其进行敏感性分析。邹骥（2009）对我国基准情景、控排情景下的碳成本进行了推演，发现我国若以目前为准，实施减排 40%~50% 时，所对应的增量碳成本已达临界点，减排潜力已经发挥到了极点，再要降低碳排放量则需要进行大量低碳投资，其碳成本、增量碳成本的推演采用都是宏观环境数据。曹静（2009）采用动态 CGE 模型对中国的碳税政策进行了较为深入的分析，从税基与税率设定、中性税收条件下的税收返还、减排激励与补贴政策、碳税对居民影响等角度研究了碳税政策对企业碳排放行为的影响。耿建新（2010）对排污许可证交易会计处理及其规范化进行了探讨。许广月和宋德勇（2010）选取了中国东部及西部地区 1990~2007 年的省域面板数据，运用单位根的协整检验方法，根据环境库兹涅茨曲线理论，验证了碳排放环境库兹涅茨曲线在中国东西部区域的存在性。宁宇新（2010）提到由世界资源研究所（WRI）和世界可持续发展工商理事会（WBSD）制定的《温室气体协议书—企业核算和报告准则》是目前公认的有关温室气体排放计量标准，该准则为碳成本计量与核算提供了标准和基本程序，但在进行温室气体排放量的计量时，必须要解决组织边界、运营边界等问题。王虎超和夏文贤（2010）具体分析了排放权及其交易的有关会计事项，归纳评价了国外实务中排放权及其交易存在的主要处理方式。袁广达（2010）运用经济学和管理控制基础理论，从环境会计信息的角度，对企业环境风险评价的识别风险、风险判断、风险评价及风险管理的一些主要方法进行了规范性的分析。罗喜英和肖序（2011）研究了在低碳发展下采用物质流成本会计（Material Flow Cost Accounting，MFCA）对企业资源损失（关键在于收集并整理每个工序投入数和废弃材料数）及其外部损害（各成本中心废弃物数量单位标准化值乘以每单位的废弃物环境损害系数值即可）定量计算的方法，指出内部资源流成本、外部损害成本分别反映的是企业的经济性与环境性，将二者融合则可同时反映出企业经济效益与环境效益，为企业、环保部门提供管理参考信息。肖序和周志芳（2012）采用企业环境风险管理中的基本原理与技术，基于企业环境全过程的管理角度，研究了环境风险评价方法及其管理程序、环境损害总费用的分析框架，并设计了企业相应的环境负债评估与管理程序。林靖珺（2012）认为，碳排放成本中的直接成本可参照Ratnatunga 和 Balachandran（2009）的观点按全生命周期法进行计量，间接成本则可以使用作业成本法计量。吴红利（2012）以低碳经济观为研究视角，结合文献及相关会计学、环境管理学的知识界定了企业的环境成本，较为深入地探讨了企业环境成本在低碳经济观下的核算与控制方法。王冰（2012）提出了产品生命周期碳成本的概念，以及产品生命周期碳成本的研究内容和框架。

5. 关于碳排放成本效益的研究

孙传旺等（2010）认为，技术的进步是促进碳强度约束下全要素生产率提高的关键性因素。张清等（2010）采用平均迪氏指数法研究了市场低碳设施、低碳技术应用不广泛的阶段，碳减排可能会带来的负面效应。张友国（2010）采用投入产出结构分解方法，实证研究了我国 1987~2007 年的经济发展方式变化对 GDP 碳排放强度的影响。戴洁（2012）运用碳排放情景分析法，针对上海世博会中国馆建筑正常运行条件下的碳排放水平，评估了其实际建筑的碳减排效益。白宏涛（2012）探讨了中国 SEA 中低碳评价指标体系构建的技术基础，认为将低碳理念融入战略环境评价（SEA）旨在把宏观战略落实到可操作的具体项目中。

6. 关于碳成本决策的研究

高鹏飞（2004）采用 MARKAL—MACRO 模型对中国 2010~2050 年的碳边际减排成本进行较为系统的研究，给出了各年碳边际减排成本曲线的函数形式，分析了不同的碳减排实施方式及其对碳边际减排成本的影响。研究结果表明：越早开始实施碳减排约束，在等同的减排量下碳边际减排成本将越高。赵海霞（2006）分析了排污权交易成本对分阶段引入排污权交易优化设计的影响。胡民（2006）指出，建立碳排放权的交易法规、明确产权关系、降低碳排放权的交易费用是我国实施排放权交易的关键。曹静（2009）探讨了排污权交易与碳税机制的优缺点，认为碳税政策更符合中国当前国情。陈诗一（2011）采用方向性距离函数（Directional Distance Function，DDF）估算了中国在改革期间工业行业二氧化碳排放的边际减排成本。林海平（2011）对我国排污权交易市场的交易成本构成及原因进行了较为深入的分析，提出了降低交易成本的建议。杨蓓等（2011）通过构建碳排放成本的长期模型、短期模型后认为，短期决策的关键是在预防成本和损失成本之间进行权衡，从而找到碳排放量和碳排放成本结合的最优点，而长期决策则需更多考虑外部因素，制定低碳战略与长期规划。赵珊珊（2011）研究发现，在既定标准的约束下，通过对企业之间的国际碳排放交易进行成本收益分析，可以实现帕累托最优。李虹（2011）以低碳经济的视角，借鉴投资决策的相关理论，提出了基于低碳项目投资决策方法。周守华和陶春华（2012）认为环境成本管理的重点在于环境成本的确认和控制、利用环境成本制定环境政策，企业环境成本管理必须遵循成本效益原则。穆林娟（2012）以深南电路为例，研究了其客户价值导向研发—生产精益管理—客户价值引导—柔性组织管理等以价值链成本管理为基础加以整合的价值链成本管理经验。安崇义（2012）构建了排放权交易机制下企业施行减排的单阶段最优化决策模型，分析了配额排放权交易和CDM之间的相互关系，发现参与交易者数量及参与者之间减排边际成本的离散程度会影响排放权交易市场的交易量。胡安利（2012）基于环境成本内部化视角，以可持续发展为目标，在供应链环境投资内涵和利益相关者界定的基础上，综合运用博弈论、经济学和管理学等多学科理论方法探析了企业环境投资的传导机制。夏炎（2012）提出，为应对气候变化，各国纷纷采取相应的碳减排策略，制定减排目标，而减排目标的实现主要是依靠科技进步和结构优化，强制减排要付出较大的经济代价，作者通过建立减排成本评估的投入产出—计量优化组合模型，研究了我国减排成本曲线的动态变化，在国际比较的基础上，得到发展中国家减排的宏观经济损失更大的结论，提出了实现我国碳强度减排目标的非等量递增减排路径。

二、成本动因研究

（一）关于成本动因定义的研究

科茨（1949）在《管理计划与控制》中首次提出了成本驱动的概念，并将其定义为引起成本（费用）变动的所有因素，包括产品质量、生产工时、订货批量、提供的样本量等。迈克尔·波特（1985）在成本优势战略的研究中指出"成本动因是构成成本结构的决定性因素"。Robin Copoer 和 Robert Kpalna（1987）认为成本动因是作业成本计算的基础，产品生产引发作业，作业引发资源耗用，成本动因是隐藏在成本之后的驱动因素。美国学者罗曼诺（1990）指出成本动因是"特定作业与一系列成本间的因果关系"，成本动因可以分为资源动因（即各作业中心成本库之间分配资源的动因）和产品动因（即各产品之间成本库分配的动因）。Garrison（1991）认为，作业和成本动因是同一概念。

国内学者在上述研究成果的基础上，做了进一步的分析与论述，如彭惠辉（1999）认为，成本动因是指引发产品成本的原因所在，每一项创造价值的活动都存在着形成其独特竞争优势的动因。王平心（2001）认为，成本动因是引发成本的驱动因素，是成本标的、直接关联作业及关联资源之间的中介。

（二）关于成本动因分类的研究

Cooper Kaplan（1987）在《成本会计怎样系统地歪曲了产品成本》中认为成本性态是由成本动因决定，成本动因可以按照成本性态划分为"数量基础成本动因"、"作业基础成本动因"及"固定成本动因"。Brimson（1991）在其《作业会计》一书中将成本动因按照是否产生收益划分为：①积极性成本动因（Positive Cost Driver），它是指能够产生收入获得利润的成本动因；②消极性成本动因（Negative Cost Driver），它是指引起不必要的工作和利润减少的成本动因；③复合成本动因，即两种或两种以上因素组合的成本动因。

我国学者也从不同角度对成本动因进行了划分。乐艳芬（2000）将成本动因分为有形成本动因及无形成本动因，其中，无形成本动因可以为企业带来竞争优势。丁启叶和金帆（2001）则将成本动因分为执行动因、数量动因和强度动因三类。此外，彭惠辉（1999）、韩静（2003）、孙燕芳（2004）、肖永辉（2005）、贾莉莉（2006）、高晓峰（2006）等也表达了类似的观点。

（三）关于战略性成本动因的研究

在《竞争优势》中，Porter（1985）首次提出了十种源于企业整体的战略无形成本动因：规模经济、学习、生产能力利用、联系、相互联系、整合、时机选择、自主决策、地理位置和机构等。Lewis（1987）随后据此提出了战略成本动因概念。Riley（1987）对Porter提出的无形成本动因进行了细分，Shank和Govindarajan（1993）则对Riley的分类做了进一步的修正，并在《战略成本管理》一书中首次将战略成本动因分为结构性成本动因和执行性成本动因，其中结构性成本动因包括规模、范围、经验、技术、多样性等，至此战略成本动因理论基本形成。此后，学者们主要是根据Shank的分类方法、Porter的分析方法对战略成本动因进行研究，进而分析其成本及竞争战略的选择。

国内学者则是在Shank的战略成本动因分类基础之上，进行了进一步的讨论与研究，西南财经大学会计研究所的《战略成本管理研究》课题组（1999）采用战略成本动因分析的办法，研究了企业规模扩张及扩张方式的战略选择。杨清河（2005）研究了成本动因控制目标及措施，认为通过成本动因控制可实现三个目标：一是进行战略决策与战术实施，获取成本优势；二是利用资源、成本、质量、数量、价格之间的联动关系寻找企业成本动因，获取最大利润；三是从业务、企业两个层面分析成本动因，寻找降低成本的机会。赵灵章（2006）研究了通过战略成本动因的控制获取竞争优势的有效途径。门峰（2012）通过对汽车企业战略成本动因的分析，建立了一套能够反映企业战略成本水平的指标体系，对汽车企业的竞争力进行评价。此外，安皓昱（2005）、肖永辉等（2005）、邓厚平（2009）、于晓红（2012）等对战略成本动因的特点等方面也进行了较为深入的讨论。

（四）关于作业成本动因的研究

1. 作业成本动因的概念

20 世纪 40 年代初，美国会计学家科勒（E.Kolher）率先提出了作业成本计算法的思想以正确的计算水力发电行业成本，而不是用传统的以人工小时为间接费用的分配标准。在《成本会计怎样系统地歪曲了产品成本》中 Cooper 和 Kaplan（1987）正式提出了作业成本动因理论。Berliner 等（1988）认为，作业是为实现组织目标而做出的行动，成本动因则是导致作业发生的因素。Garrison（1991）认为，作业是诱导组织内成本发生的因素。Raffish（1991）从广义的角度定义成本动因，技术监督的缺乏、化学污染导致的损失、过于繁复的质量验证等因素也可归为成本动因的范畴。Dopuch 和 Nicholas（1993）在《成本动因观察》中，系统地阐述了有关作业成本动因的概念。Babad 和 Balachandran（1993）提出了作业成本动因最优化模型。Datar 和 Kekre（1993）则首次对成本结构采用作业成本动因理论进行了较为深入的分析。国内学者最早对作业性成本动因进行研究的是赵立三和王丹（1998）发表在《会计研究》上的《关于成本动因问题的理论探讨》一文。此后，也有许多学者进行了这方面的讨论，因篇幅所限，在此不再赘述。

2. 作业性成本动因的实证研究

Banke 和 Johnston（1993）首次通过实证分析法研究了作业成本动因的相关理论。Foster 和 Gupta 率先开始了成本动因的实证研究，主要研究对象是间接费用与生产复杂性的相关性。他们以美国 30 多家电子组件制造商为样本，计算其成本动因与制造费用之间的相关性，研究发现产品产量与制造费用之间显著正相关。但是控制规模因素之后，其生产复杂性与制造费用并无显著关系。Banker 和 Johnston 则以美国航空企业为例，用多元回归分析法，采用 5 年的横截面数据为样本，检验了成本动因和间接费用的关系，研究发现产品的多元化与复杂性程度与间接费用显著正相关。Banker 等以电子配件、汽车配件、机械制造三个行业的企业共 32 家为样本，利用多元回归分析方法，研究间接费用的成本动因，选定面积（修理厂）、人数（产销计划部门和质量控制部门）、机器生产指令变更次数等作为生产复杂性的代理变量，用直接人工工资为产量指标的代理，他们研究发现产品产量、生产复杂性都会显著影响企业的间接费用。

我国学术界对作业成本法的实证研究也取得了一些成果。王平心等（1999）分析了我国应用作业成本法的现实性，并以西安农械厂作为试点，提出了实施作业成本法的方法与建议。朱云和陈工孟（2000）在对中国香港作业成本法的应用情况进行调查后发现，影响作业成本法使用的因素中，规模显著正相关，其他因素如产品多样性、竞争的压力及作业成本法的使用程度等的正向关系等在统计上并不显著。胡奕明（2001）对作业成本法在我国的运用现状做了问卷调查，发现有意识使用作业成本法的企业几乎没有，因为生产经营环境尚缺乏相应的实施条件，但一些企业的成本管理方法中已局部显现出 ABC 的特征，结论指出，实施环境的缺乏并不会成为真正的障碍，作业成本法的应用是一个逐步发展的过程。《管理会计应用与发展的典型案例研究》课题组（2001）对作业成本法在非制造业——铁路运输业的应用进行了案例研究，结论显示由于共同成本、客货混合成本在铁路运输业的成本中占较大比重，因此作业成本法在其成本核算中有着十分重大的实践意义。吴杰民（2004）在对东风汽车股份有限公司的作业成本法实施案例研究后指出，在很难选择资源耗费的作业动因时，可以先考虑相对独立、对产品形成影响较大的作业，然后再选择与主成本相关性相对大一些的成本动因进行作业成本核算。张蕊（2006）以制造业为例，对作业成本法的应用进行了案例研究，提出了相应的应用程序与计算模型，并指出作业成本法应用中需要注意的关键点在于确定动因、剩余作业分配、成本标的层次性等。邱妘（2004）利用 CAM2I 模型并结合作业成本法论述了引发企业剩余生产能力的成本动因，结论指出，剩余生产能力责任的承担者是销售部门，销售部门应通过扩大客源来减少或消除剩余生产能力。杨继良（2005）综述了国外企业会计实务工作者推行作业成本法的调查情况，总结了作业成本法从创新、高潮至冷静三个阶段的执行特点，指出作业成本法的实施至少应按行业特点制定出系统化、规范化的操作指南，否则很难推行。此外，陈小龙等（2002）、余海宗等（2002）、于增彪等（2003）、阎铭等（2003）分别以物流企业、航空业、石油钻井、造船业为例，对作业成本法进行了案例分析，并得出相近的结论，即对那些固定成本、跨期费用比重大、客货成本具有混合特征的企业，作业成本法会更为准确地计算其成本和经营成果。

三、供应链成本管理研究

（一）关于供应链成本概念的研究

对供应链成本概念做出贡献的主要是三位学者：Handfield，Niehols，E.L.，他们（1999）认为供应链成本应包含两点，即产品物资信息的管理、供应链伙伴关系的管理。Cooper 和 Slagmulder（1999）则将供应链成本管理划分为产品和关系两个维度，并将每个维度又划分为构建网络、界面优化运营两阶段，形成了供应链管理"生产—关系"二维框架。Seuring（1999）将供应链成本划分为直接成本（如料、工和机器成本）、作业成本（如制造、配送产品至客户的管理活动中的费用）、交易成本（如与供应商、客户有关信息处理活动而发生的费用）三个层次。供应链委员会（2000）给出了供应链经营参考模型 SCOR（Supply China Operations

Reference Model），按照不同计量水平将供应链成本分为销货、管理、订货、材料购置、存货储存、相关财务与计划、供应链信息技术、售后担保与退回成本等。Seuring（2001）提出，将交易成本作为供应链成本的第三个成本层次，并定义为谈判、控制及调整交易关系时的所有信息和协调成本，这些成本是由各个供应链伙伴之间的交互作用所引起的，因此只能通过寻找合适的合作伙伴、相互协作加以影响。

国内学者一般采用 Seuring S.（2001）提出的概念，当然也有学者从不同角度对此做了整合。陈志祥和马士华等（1999）提出了用户成本的概念，讨论了包括供应链上游成本、下游成本、内部成本及用户成本的成本控制模式。索晨霞和邓子琼（2004）认为，供应链成本应由物流成本、信息流成本、资金流成本及供应链整合中的机会成本与整合成本构成。李秉祥和许丽（2005）将供应链成本划分为三种：总运营成本、管理成本和隐性成本，作者论述了采用供应链平衡计分法（从顾客导向、财物价值、内部流程、未来发展四个角度对供应链进行评价）、作业成本法对供应链成本进行控制的方法，并指出供应链成本控制中应注意采购及时性、时间压缩、信息化程度、隐含成本的消除四个关键环节。桂良军（2004）论述了供应链直接成本、作业成本及目标成本发生的节点，以及将作业成本法与目标成本法在供应链成本管理中集成使用的思路。桂良军（2005）对供应链成本管理的理论基础与方法进行了较为系统的综述。桂良军（2006）认为，供应链成本的管理重点应是物流成本、信息成本、资金转移成本、设计制造成本以及关系成本与机会成本等。殷俊明、王平心和王晨佳（2006）认为，供应链成本管理的发展与供应链管理的发展阶段相对应，包括存货成本、作业成本、跨组织成本和交易成本管理阶段，供应链成本控制是时间延伸与空间扩展的统一，供应链成本管理的二维、三维框架是供应链成本管理的理论结构，最后指出供应链成本管理的基本思想是以顾客满意为起点、开展新型竞争合作、进行跨组织集成和优化、将质量时间及成本统一管理和相互权衡。邓明君和罗文兵（2010）介绍了物质流会计MFCA 指南的内容，该指南为各国低碳经济、循环经济的发展提供了环境管理会计的技术指导。

（二）供应链成本管理研究框架的研究

Stefen Seuring（2002）通过整合交易成本，将供应链合作伙伴之间的关系纳入缩减成本的机会中，将供应链成本的三个组成部分与前述产品—关系的二维分析框架相互融合，形成了三维的供应链成本管理分析模型。殷俊明和王跃堂（2010）从时间序列角度（如全生命周期成本控制理论）、空间范围角度（如跨组织成本控制理论）、流程深化角度（如协同价值链分析理论）拓展与集成了成本控制方法。王蓉等（2011）认为，供应链的链际竞争已取代了企业间竞争，强化供应链成本的管理可以形成供应链的竞争优势。

（三）关于供应链成本管理方法的研究

国外学者对供应链成本管理方法的研究主要集中在供应链目标成本法、供应链作业成本法及跨组织成本管理法等的整合运用上。Seidenchwarz和Niemand（1994）根据供应商与采购商之间关系的依赖程度，将供应商划分了几个级次，认为与供应商之间建立较为长期的合作关系十分重要，并对目标成本法在供应商管理方面的应用方法进行了演示，供应商纳入产品设计流程的时间越早对目标成本的实现越有利。Ansari 和 Bell（1997）对目标成本法在扩展型企业的应用进行了论述，认为目标成本法并非转嫁市场的压力，而是通过所有供应链伙伴的协作使得所有供应链上成员企业都能获得盈利。Cooper 和 Slagmulder（1999）提出了链式目标成本法，指出目标成本法是一种动态的约束机制，促使供采双方共同实现设定的 P-Q-F 目标，根据具体情况有时可能需要暂时放松对成本的约束，以获得与稳定客户。Lokamy 和 Smith（2000）提出，作业成本法可以作为供应链成员相互协作的保证，目标成本法则保证供应链每个阶段的价格都不能超出市场价，并能保证所有成员都能够分享到链条中的利润，因此必须选择那些最适合的供应链成员完成所需任务。Rebitzer G.（2002）引入生命周期成本法（Life Cycle Costing，LCC）的概念，通过案例评估供应链生产环节、使用环节和废弃产品或服务环节中环保化设计发生的总成本，从而更加容易地识别出区别于供应链成本的驱动因素和悖反因素，特别是生产规划和设计中的成本因素。Goldbach M.（2002）则提出了供应链作业成本法和供应链目标成本法及所需相应的组织设置概念，以代理理论作为分析框架，认为供应链成本会受到组织与运作状况的影响。Hines R.、Silvi R.、Bartolini M.和Raschi A.提出了一种新的整合方法论以及精益管理会计（Lean Management Acounting，Le：MA.），这是一项源自国际性跨学科研究的研究成果，他们以汽车销售的案例讨论了内部供应链成本管理，并将内部供应链的末端环节延伸到了外部供应链，进一步拓展了研究视野。

Slagmulder R.（2004）提出了跨组织的成本管理（Inter-Organizational Cost Management，IOCM）概念，指出跨组织成本管理可以为供应链成本管理提供结构性的研究方法，即通过供采双方的紧密合作来缩减整个供应网络成本的目标。此外，据Seurin（2001）介绍，Mehafdi M.提出的转移定价系统能够较好地处理供应链的内外部联系，是跨国公司供应链管理分析方法的焦点。Stemmler则通过实例研究了金融媒介对供应链绩效（如降低库存水平等）的改善，Teich Fischer和Kaschel研究了通过信息技术让地区性生产网络按照虚拟企业的构想有效组织，以协助其订单的履行与成本管理。在同一问题上，Bhutta、Huq和Maubourguet应用EDI、ABC等技术有效实施ECR。Bahrami研究发现，通过水平的配送网络合作可以重构配送网络，从而降低成本。

国内学者在西方学者的研究成果之上，对目标成本法、作业成本法、生命周期法、精益成本管理等在供应链成本管理中的运用进行了进一步的研究。王刊良和苏秦（2001）研究了采用作业成本法进行供应商评价和选择的模型及其适用条件。汪家常（2003）研究认为，精益成本管理思想可以使得供应链成本最小化，其策略包括精益的采购成本、精益设计开发成本、精益生产成本、精益营销成本、精益物流成本和精益服务成本等。桂良军、薛恒新和黄作明（2004）阐述了将供应链的作业成本法、目标成本法与产品生命周期成本理论整合的观点。唐宏祥、何建敏和刘春林（2004）研究了传统供应链和战略伙伴关系供应链上交易成本的差别，提出了减少企业交易成本的途径，证明了当供采双方对彼此的长期合作有着良好的预期时，后者将优于前者。雷星晖等（2005）通过作业成本法，讨论了供应链成本的内容与管理步骤，并举例说明了供应链成本在最终产品成本中的体现。宋华（2007）认为，可以采用所有权成本分析的方法来估算供应链成本。谢福泉（2008）探讨了功能—质量—价格悖反（Function-ality-Price-Quality Tradeoff，FPQ）、跨组织成本调查（Inter-Organizational Cost I-nvestigations）和并行成本管理（Concurrent Cost Management）等成本管理工具在产品设计流程中的运用，并指出该流程主要应用供应链目标成本法思想，为了实现供应链目标成本法，需要引入生命周期成本估计目标成本。战子玉（2010）在分析供应链成本构成的基础上，提出可以通过优化产品设计、供应链战略采购策略、供应链配送系统的策略、供应链战略库存管理策略等降低供应链成本。马洪章（2010）采用作业成本法构建了一个供应链成本核算的模型框架，为均衡供应链节点企业的收益分配和从数量分析的角度优化供应链整体成本奠定了基础。冉秋红等（2010）探讨了供应链结构成本管理、执行成本管理的基本内容和方法。祝桂芳和张晓峰（2011）从战略角度研究了供应链的关系成本及其改进，认为可以通过供应链总成本的降低实现利润最大化，从而增强企业竞争力。韩丽萍等（2011）研究了物流和信息流的信息共享在供应链管理中压缩时间成本的情形。谢天保等（2011）建立了供应链物流成本的优化模型，讨论了物流成本控制对供应链总成本的影响。鲍新中等（2011）通过研究发现，联合库存模式相对于传统库存模式来说，可以更好地实现供应链库存成本的最小化。

四、述评

通过上述文献可以看出，与供应链碳成本管理相关文献的研究主要有以下特点。

（一）碳成本研究方面

目前，有关碳成本的研究大多是在环境成本理论的基础上进行，碳会计研究也已逐渐从排污权交易的研究框架中逐渐独立出来并取得了较为丰硕的研究成果，具有以下特点。

（1）现有文献大多从宏观及国家层面论述排放权交易机制下的成本管理问题，即从宏观角度出发，结合一些宏观数据而进行的模型分析，对碳排放与某些经济因素的关系提出统计意义上的结论，很少从微观角度剖析碳排放权交易机制的内在逻辑，缺乏企业层面的决策方法。宏观数据分析，虽然可以得出统计意义上较优的碳排放总量预测，却难以在低碳经济发展初期给出微观层面企业发展低碳经济的理论指导与激励。

（2）微观层面的研究相对较少，中外学者的研究侧重点也各有不同。碳排放微观层面的研究热点主要集中在碳成本的构成、计量及影响因素等方面，对碳成本管理与决策方面的研究相对较少。目前，国外学者对低碳经济的研究主要侧重于理论分析方法，通过数学模型的构建描述研究对象的特性；中国学者对碳排放的减排机制研究则比较依赖现有的宏观数据，对模型构建的研究相对缺乏。

关于决策模型的研究，现有文献大多采用微观经济学中的经济效率以及企业收益最大化分析、基于博弈论的决策分析以及碳减排的最优化决策模型等，这些研究的方法及重点主要致力于减排机制本身内在逻辑的讨论，很少采用数据分析，所以对那些不够成熟或数据不足以大样本分析的排放权交易体系研究来说较为合适。此外，不论基于博弈论的决策模型还是基于微观经济学的模型，对企业碳排放相关影响因素的分解并不透彻，如常见的仅用一条减排边际曲线描述企业的碳减排成本，容易过于简化企业决策因子，无法满足企业碳成本决策的需求。

本书试图从微观层面出发，以供应链企业的视角研究低碳经济发展中的成本动因及其对碳成本决策的影响，从而为实施低碳经营的企业提供碳成本管理决策的理论参考。

（二）成本动因的研究方面

学术界对战略性成本动因分析的种类、特点及所具有的现实意义等已基本达成共识，少数学者对战略性成本动因分析在企业成本管理中的实践方法也已展开了一些研究，但在对碳成本战略性成本动因的分析及控制方面的研究则留有空白。

在相关的研究中，作业成本法的实证研究是当前研究热点，现有文献大多采用调查问卷、案例分析研究方法，通过不同行业、不同范围内的调研对作业成本法的可行性、实施中存在的问题做出总结，而根据作业成本法及其成本动因理论对碳成本动因进行分析、加以控制的研究相对较少。

（三）供应链成本管理的研究方面

学术界对供应链成本管理的研究热点主要聚焦于供应链成本的构成、供应链成本管理研究的框架、供应链成本管理实质以及供应链成本管理中常见成本方法（如目标成本法、作业成本法、生命周期法、精益成本管理等）的运用等，而低碳经济迅速发展的今天，运用供应链成本管理的手段控制碳成本的研究则尚属空白。

因此，借助于供应链成本管理的工具，从碳成本动因分析入手，研究碳成本控制措施并最终实现目标成本的路径，无疑具有一定的创新性和现实意义。

第三章　供应链碳成本管理体系
二维五度框架的构建

从 Cooper 和 Slagmulder（1999）的供应链成本管理"产品—关系"二维框架，到 Stefen Seuring（2002）的供应链成本管理"生产—关系—成本"三维分析模型，供应链成本管理框架经历了平面到立体的改进过程。

本书提出的供应链碳成本管理二维五度框架则是在"生产—关系—成本"三维分析模型的基础上加以改进而成。此改进基于这样的考虑：供应链碳成本管理应该首先从宏观与微观两个层面（即二维）统筹进行，与此同时，此二维又可细分为五度——碳排放能力控制维度、客户维度、供应商网络维度、产品设计网络维度及效率维度等进行。由此，通过宏观维度的碳成本规划，对微观维度碳成本的控制形成宏观引导，同时通过微观四个维度的碳成本动因分析与决策，消除供应链四种碳成本差异，从而对供应链碳成本的宏观调控提供理论支撑。

第一节 供应链碳成本管理体系的建立基础

一、供应链碳成本的概念与构成

（一）供应链碳成本的概念

碳排放成本研究的基础是对环境成本的理解。

关于环境成本的定义，"联合国国际会计和报告标准政府间专家工作组"在第 15 次会议文件《环境会计和财务报告的立场公告》中曾经提出，"环境成本是本着对环境负责的原则，为管理企业活动对环境造成的影响而被要求采取的措施成本，以及因企业执行环境目标和要求所付出的其他成本"。这一定义明确了环境负荷与预防措施是环境成本管理的对象，提出环境影响与环境标准是环境成本管理的目标。

环境成本的确认方法目前主要有：一是为满足国家环境保护法规的各种环境标准（如环境质量标准、污染物排放标准、环保基础标准、环保方法标准和环保样品标准等）而发生的环保设备投资及营运费用等；二是在国家环境政策（如环境税、环境保护基金、排污费等）实施时企业的成本费用；三是碳排放权市场的交易费用等。

本书认为，碳成本是指在低碳经济背景下，企业因直接或间接使用化石能源而承担的相关成本，如为达到政府碳排放标准而采取的措施成本，如低碳设备（或技术）投资等；国家在实施经济手段保护环境时企业所发生的成本费用，如碳税、碳排放权买价、排污费等；其他损失，如碳排放超标罚款等。碳成本产生的动因追根究底来自对碳排放量的控制，而碳排放量的核心控制措施是改进现有技术，在研发环节、产品设计环节、生产流程设计以及供应链等各环节实现创新。

（二）供应链碳成本的构成

本书认为，基于不同的研究目的，碳成本可有以下几种划分方式。

1. 按经济内容划分

按照经济内容划分碳成本，有利于通过分析碳成本的组成结构，更具针对性地研究碳成本差异的形成与消除路径。

（1）政策成本。政策成本是指在国家实施经济手段保护环境时企业所发生的成本费用。例如：有些国家实施的环境税、环境保护基金的征收和对超标准排污企业征收的排污费等，均属于国家运用经济调节手段而发生的企业费用，本书则以碳税作为低碳政策成本的代表加以阐述。

碳政策成本是指企业为弥补自身碳排放行为对社会环境造成损害而需向社会（如政府）支付的成本。如碳税（根据化石燃料的使用量计算缴纳的税金）、排污费（根据碳排放量计算缴纳的费用）等。

随着碳排放无成本的假设逐渐消失，任何碳排放行为都需要其对所造成的社会环境污染承担责任，碳成本的内部化已渐渐被人们接受，这种社会责任的内部化即为碳政策成本。《斯特恩报告》经计算发现，如果人类社会一直保持 BAU 的商业模式，那么碳的社会成本会达到 85 美元/吨 CO_2 当量；如果温室气体浓度目标已经定在了 $450 \times 10^{-6} \sim 550 \times 10^{-6}$ 的范围之内，那么碳政策成本大约为 25~30 美元/吨 CO_2 当量，这只有 BAU 情景下碳成本的 1/3。碳政策成本的大小取决于人类对碳排放目标的设定，未来实现的碳排放浓度目标越低，社会成本会越低；反之，碳政策成本仍会呈现出逐渐上升的势头。

1）碳税。碳税（Carbon Tax）是指针对二氧化碳排放所征收的税，源于庇古（1920）提出的庇古税思想，他提出通过经济手段治理环境污染，通过征税或补贴来弥补市场配置失效所带来的污染过度现象，比如通过对化石燃料产品碳含量的比例征收碳税，以减少化石燃料的消耗、二氧化碳排放。当然，碳税从理论上讲可以提高企业的环境污染成本，降低收益，从而促使各国优化产业结构减少污染产量，但从现实角度看，由于污染的外部性很难量化，且其实施需依赖政府强制措施，因此在国际层面推行碳税将会受到较大阻碍。

可见，碳税具有以下两种属性：

其一，碳税依据企业的化石能源使用量计算，即当年碳排放量（或化石燃料的二氧化碳含量）×适用税率，与碳排放量线性相关，因此属于变动成本；同时，其对企业损益的影响只与当期有关，属于收益性支出。

其二，碳税属于政府激励机制，即对二氧化碳排放行为进行正面激励，世界各国的相关税收政策中，往往会对那些减排富有成效的企业或单位进行税收返还或补贴，于是企业缴纳的碳税便会构成正的碳成本，减免的碳税或因减排得力获得的政府补贴收入形成负的碳成本。

2）排污费。排污费是指对企业排放废水、废气、废渣等污染物行为收取的费用，其目的是对已发生污染行为进行惩罚，即谁污染谁治理或者"排污者付费原则"。与庇古税雷同之处在于需要政府干预、仅考虑排污方不涉及产权问题等，但其排污标准并不一定是帕累托最优。在低碳经济发展初期，在控制环境污染的恶化上有一定的积极作用。

排污费发生在生产经营过程的末端，排污费成本等于生产末端的碳排放量与收费标准之积，与当年的碳排放量线性相关，具有变动成本性质，对企业损益的影响期小于等于一年，属于收益性支出。同时，究其实质，排污费是一种由政策法规要求支付的事后补偿费用，因此属于政策性惩罚。

（2）碳排放权成本。碳排放权成本是指购买或取得碳排放权发生的成本。随着碳交易市场的建立，碳排放的市场价格机制也将逐渐完善，碳排放量成为可交易的稀缺商品，发生碳排放的单位或组织，只有拥有相应的碳排放权，才能进行生产或提供劳务。

企业获取碳排放权有以下途径：

1）政府无偿分配（排放配额单位）。政府无偿分配取得的碳排放权（或排放配额单位），短期看，这种途径取得的碳排放权属于政府补助性质，没有取得成本。

在免费分配方式下，由管理当局确定标准对企业分配碳排放许可证配额，企业无须成本付出，如此，免费分配方案不但不会增加企业成本，相反还会为企业增加资产，这笔资产在必要的时候可以在碳排放交易市场出售。故而，理论上企业通常能够接受这种取得方式，同时也很容易在实践中推行。然而，免费分配模式也有可能带来效率损失，也就是说从分配效应上看，碳排放者占有了稀缺性资源，作为环境危害受害者的社会公众却没有得到相应补偿，这样从长期看，免费分配会从总体上降低企业的生产能力，并在一定程度上（可能是很小程度）妨碍市场竞争。所以政府无偿分配的碳排放权终归是有限的，随着碳交易市场的逐步完善，未来企业对碳排放权的需求只能从碳交易市场有偿取得，因此，政府无偿分配取得碳排放权可以说是暂时的过渡手段。

2）从碳交易市场有偿购买（减排单位）。企业通过碳交易市场购买减排单位，也可以获得碳排放权，如美国实行的"排污权市场交易制度"，企业与企业之间可以通过排污权的市场交易买卖排污权，从这一途径取得碳排放权的成本包括买价、手续费。

3）CDM 成本。企业获得碳排放权的第三种途径是通过 JIT 或 CDM 机制获取减排量，即拥有低碳技术的企业向其他企业提供低碳技术、设备或资金的支持，开发清洁生产项目，项目成功后，经第三方权威机构（如联合国 CDM 执行委员会、国家发改委以及合作国家三方等）审核，取得由联合国执行理事会签发的"经核证排放量"即碳排放权。这是《京都议定书》第十二条创制的"清洁发展机制"（CDM）实施下的碳排放权，工业化国家的投资者从其在发展中国家实施的，并有利于发展中国家可持续发展的减排项目中获取"经核证的减排量"，以履行《京都议定书》下的减排义务。

通过 CDM 机制取得碳排放权的成本可简称为 CDM 成本，由两项组成：一是技术成本，即技术提供方为换取减排量向其他企业提供技术及相关人力投入的成本；二是认证成本，即 CDM 机制项目结束后第三方对二氧化碳减排量的认证费。一个项目从申请到批准需要数月的时间，不管最终结果如何，项目申请者必须缴纳项目市场高额的进入成本，至少需要投入 10 万美元，这也使得通过 CDM 获取碳排放权的成本加大。

CDM（技术方）投资是具有长期或短期工程性质的投资，完工后即转化为碳排放权，与碳排放量非线性相关，且由于其项目建设期通常在一年以上，因此具有固定成本性质，需分期摊销计入成本，属于资本性支出。

4）交易手续费等。碳排放权交易市场上，每发生一笔交易，必然也需要向碳排放权交易所支付一笔中介费，即交易手续费。

从上述界定可以得到碳排放权成本的以下特点：①碳排放权成本与碳排放量线性相关。如前所述，按照温室气体排放的相关协议，企业必须为其碳排放行为从碳交易市场购买或通过 CDM 机制获得相应的碳排放权才能进行正常的生产经营，因此碳排放权成本等于当年碳排放量（或化石燃料的二氧化碳含量）与碳市场价格相乘之积，从其计算公式可以看出，该成本与碳排放量线性相关，具有变动成本的特征，并且其对企业损益的影响仅限于发生当期，因此可归属于收益性支出。②碳排放权成本具有双重性特征，即当碳排放权不足，需从碳交易市场购买或从政府手中有偿分配取得时，其取得成本即为企业碳成本，当企业碳排放权有所剩余，在碳排放权交易市场上出售时，所获得的收入可以看作是负碳成本。

（3）碳投资成本。为适应低碳经济发展的需求，企业需要进行低碳技术改革达到政府相关环保标准，发生相应的低碳投资。碳成本是为实现减排目标而主动采取的减排措施成本，如低碳投资成本、碳盘查费等。

1）低碳投资成本、运营成本。低碳投资成本是指企业在低碳设备及技术上的投资，是低碳经济模式发展的基本保证。

与传统成本相比，碳成本具有先高后低的变化趋势，这是因为在低碳经济发展初期，由于清洁新能源的开发尚处于初级阶段，传统化石燃料的取得相对较为容易和低廉。相比之下，新能源的价格相对较高，因此采用新能源生产经营的企业，其能源消耗成本势必会比采用传统化石燃料的企业要高，这是由目前国家相关能源政策的规定滞后所致。随着全球性的低碳经济发展浪潮的到来，有关能源价格的制定政策很快和国际接轨，传统能源的低价优势即将消失，而新能源的开发与利用将日渐成熟，其使用成本也将会逐渐降低，从而使得采用新能源的企业竞争优势逐渐显现出来。与此类似的是，低碳技术的推广和研发目前大多掌握在少数发达国家手中，对发展中国家来说，推广成本相对高昂。然而随着发展中国家在低碳技术研发上的大量投入，低碳技术研发难关必将被攻克，届时低碳技术成本的降低也指日可待。低碳设备的引进也需经历类似的过程，在此不再赘述。可见，加大低碳设备及技术投资是从根本上攻克企业自身低碳发展瓶颈的重要战略之一。

低碳投资成本通常由低碳设备与技术的买价或研发成本构成，属于资本性支出，具有固定成本性态及锁定效应。

低碳设备投资、低碳技术投资成本取决于设备、无形资产的成交价格。该项投资成本金额大、对企业损益的影响期限长，需由以后各收益期间分摊，成本因此具有固定成本性质，属于资本性支出。从单位碳成本的变化曲线看，在投资初期，该单位成本会随着摊销期的延伸急剧下降，待超过一定产销量的临界点后，则开始趋于平缓，即在采用加速折旧法进行价值分摊的情形下，投资前期碳成本较高，后期较低，因此碳成本与当期碳排放量非线性相关，是企业施行低碳经营模式的一项长期投资，并具有锁定效应。

2）碳盘查费。碳盘查费用是由组织自身或请独立第三方对其碳排放足迹进行清查所产生的费用。碳盘查又称编制温室气体排放清单，是以政府、企业等组织为单位，计算其某一时间段内，在运营和生产活动中各环节直接或者间接排放的温室气体，在定义的空间和时间边界内进行碳足迹计算的过程。碳盘查的结果可以是只关注于温室气体排放源和信息的碳排放清单，也可以是一份完整的碳盘查报告用以公开碳排放。

（4）其他。许多低碳成本并不会在未来给企业带来经济利益，因而不能将其成本化，只能作为损失，包括废物处理成本、清理成本、前期活动引起损害的清除成本、环境管理以及环境审计成本，违法罚款以及给予第三方的环境损害赔偿等。

1）末端治理成本。末端治理一直以来被企业认为是生产经营的额外负担，有投入但却没有产出，这显然与企业经济效益目标相对立。这是因为传统的末端治理存在很多弊病无法克服，比如大额基建投资无法收回，运行费用较高，对治理设备的操作和管理高，有时会伴随着残余污染物，带来二次污染。当然最重要的是，长期以来，末端治理的工业污染大大超出了社会环境总容量，使得许多企业在采用"末端治理"的过程中，付出了十分昂贵的经济代价，却并未收到良好的经济效益，对环保生产形成了"环保就是花钱"的错误理念。可见，末端治理难免会在经济上不堪重负，同时难以实现污染控制目标，企业为此普遍缺乏末端治理积极性，企业生产与环境保护的目标很难协调一致。

末端治理费用则由末端二氧化碳捕集或封存设备的采购成本、人力资源成本、物料消耗费用等构成，与碳排放量非线性相关，需视金额大小由当期损益承担或分期摊销计入成本，资本性支出，固定成本，是为达到政策环保标准而采取的被动措施，缺乏正向的激励效应。

2) 碳诉讼成本。碳诉讼成本指碳排放主体因二氧化碳排放对他人或组织造成伤害而被受害人提起诉讼所发生的成本。此类诉讼与其他类型的环境类案件诉讼有一个共同特征，即对受害人受损害程度大小的判断具有很大的主观性，在计入组织损失（或有负债）进行货币计量时具有极大的不确定性。

3) 碳罚款。碳罚款是指碳排放量超过环境法规所规定的标准而承担的行政性罚款，是各国政府长期以来应对污染超标者的常用行政手段。随着碳排放权交易市场的逐渐完善，超标排放的二氧化碳需要从交易市场购买相应碳排放权才能抵消，否则会遭到关停的处罚。

将上述各项碳成本总结如表 3-1 所示。

表 3-1　主要碳成本的比较

碳成本		计算依据	成本划分	成本性态	成本效应
碳政策成本	碳税	化石能源使用量	收益性支出	变动成本	政府激励机制；外部成本内部化
	排污费	生产末端的碳排放量	收益性支出	变动成本	政策性惩罚
碳投资成本	低碳设备与技术投资	设备（或技术）买价、研发成本	资本性支出	固定成本	锁定效应

碳成本		计算依据	成本划分	成本性态	成本效应
碳排放权成本	碳排放权购买成本	生产中的碳排放量	收益性支出	变动成本	市场激励机制；外部成本内部化
	CDM 成本	技术及人力投资、第三方认证费	资本性支出	固定成本	非货币性交换；外部成本内部化
其他	末端治理成本	治理设备与技术投资成本	资本性支出	固定成本	被动环保措施

从表 3-1 可知，碳成本按照经济内容划分具有以下理论参考意义：

首先从企业内部管理的角度，揭示了不同碳成本对企业损益具有不同的影响。不同经济用途的碳成本，因其对损益的影响期间不同，可分为资本性支出（如低碳设备与技术投资成本、CDM 成本及末端治理成本等）与收益性支出（如碳税、碳排放权、排污费等），这意味着不同的碳成本对企业损益的影响有显著的不同。前者具有固定成本特征，一旦投入会影响若干期间的损益，后者具有变动成本特征，只与当期损益相关，则企业应在充分考虑资金时间价值的基础上，做好长期低碳投资的预测与决策分析，尽可能减少"锁定效应"带来的负面影响；对于后者则应从控制当期碳排放量入手，剔除高碳环节，进而将变动性质的碳成本控制在目标碳成本之内。

同时，由于碳成本的计算依据不同，可将碳成本分为两类，一类是投资额（如碳成本、CDM 成本），另一类是碳排放量，在一定范围内，加大投资额（固定成本）会降低碳排放量进而降低碳税成本与碳排放权成本（变动成本），相反，投资额不足则会加大碳排放成本。这种"此消彼长"的联动关系为供应链碳成本管理提供了权衡的决策思路，即应统筹考虑碳成本组成要素的变动，而不能单纯降低或提高任一项成本项目的比例，否则会影响供应链碳成本最小化目标的实现。

其次从政府主管部门的角度，揭示了不同碳成本会产生不同的低碳激励效果。如碳税成本（政府激励）、碳排放权成本（市场激励）、排污费（政策性惩罚）等均属于通过激励政策控制的碳成本，企业为降低这些碳成本，必须降低碳排放，否则要承担这些内部化的环境成本，具有被动性的特征。而碳成本（即低碳设备与技术投资）、CDM 成本及末端治理成本则具有主动性特征，体现的是企业主动实施低碳而产生的成本。

最后为碳成本差异的形成与消除提供了分析的依据。

2. 按供应链管理层次划分

按供应链管理层次可将碳成本划分为直接碳成本、作业碳成本、交易碳成本。

Seuring（2001）提出，将供应链成本分为直接成本、作业成本、交易成本三个管理层次。其中，直接成本是与产品直接关联的成本，包括原材料成本、人工成本和机器成本，主要由原材料及劳动力价格决定。作业成本与产品本身没有直接关联，但与产品生产和交付等相关管理活动关联，它们与企业的组织结构相关。交易成本是与供应商和客户沟通交流而产生的成本。

在低碳经济发展的今天，由于碳排放几乎遍布于供应链的所有环节，企业所承担的碳成本与供应链成本管理的效率和方法密不可分。因此，碳成本也可从供应链管理层次的角度进行划分。

（1）直接碳成本。直接碳成本主要发生在内部流程维度，因为只有内部流程维度才涉及直接构成产品实体的碳资源的耗费，如采购、生产、包装、销售、运输、末端治理等环节中化石能源的耗费。

直接碳成本与传统意义上的直接成本相比，更多的强调了新能源的使用成本（相当于直接材料、燃料）、低碳设备的取得成本（相当于制造费用）。这些成本在低碳经济发展初期有着举足轻重的作用，是低碳经济模式发展的基本保证。这两项成本会直接形成产品或服务本身，新能源使用成本与旧能源使用成本之差、低碳设备的取得成本与旧设备取得成本之差即为内部优化的低碳成本，是决定供应链管理能否实现低碳化的关键成本内容，在进行低碳化经营决策时需要重点考虑。

究其实质，无论新能源的使用、低碳技术的研发还是低碳设备的引进，最实质的影响因素是低碳资金的来源问题。根据目前世界各国碳金融、碳基金的发展状况看，随着低碳资金取得途径的多样化，融资成本的大幅降低，低碳资金将不再成为供应链低碳发展的瓶颈，供应链管理低碳优化过程中的直接成本必然会经历一段先高后低的过程。

可见，能源消耗成本、低碳设备的引进成本都是进行低碳制造与经营的必需成本，是构成产品或服务成本的关键要素之一，也是直接成本的主要构成部分。因此，供应链成本管理实现低碳优化的一个重要突破点就是要努力降低能源消耗成本。

（2）作业碳成本。作业碳成本遍布于各个维度，是供应链碳成本管理的重点所在。

我们知道，作业成本是由那些与产品没有直接关联的管理活动所引起的成本。这些成本因公司的组织结构而生。作业碳成本是指供应链成本管理在实现低碳优化的过程中，监管、督促、管理各种与产品的生产和交付相关的作业流程实现碳减排而产生的成本，如碳税、排污费、罚款、碳盘查作业成本等隐形成本。

与传统作业成本相比，作业碳成本具有的特征：贯穿供应链所有活动流程的始终，其金额大小通常不像直接成本那样受到新能源、低碳技术、低碳设备价格的影响，相反，根据作业成本的定义可知，作业成本往往与作业动因密切相关，低碳化的作业成本主要受到碳盘查等活动所需人力费率（如单位作业工资率）、物力费率（如单位作业的纸张耗费）等作业驱动影响。因此，作业碳成本的降低需从碳盘查作业的动因识别入手，准确建立起碳盘查作业与相关动因的联动关系，实现作业碳成本降低目标。

（3）交易碳成本。交易碳成本是为提高低碳资源利用率、促进供应链成员间低碳信息交流而发生的成本，也称为效率成本，是供应链碳成本管理的重点所在，发生于供应链碳成本管理的各维度中。

我们知道，交易成本是处理与供应商和客户进行沟通及信息交流所产生的所有成本，这些成本源自公司同供应链上其他公司的相互交流。交易碳成本是为实现供应链低碳优化而与供应商和客户等各利益相关者进行低碳战略思想及相关信息沟通所产生的成本，如谈判、签订合同、供应链成员头脑低碳化风暴会、客户低碳化需求调查、供应商低碳化资质审查、低碳化信息传递设施建立、低碳融资等活动所产生的成本。

与传统意义上的交易成本相比，交易碳成本具有的特征：更加注重低碳经营理念的沟通和传递，将电子数据交换系统 EDI 的数据交换功能进一步拓展，除交换产品或服务成本的传统相关信息（如库存数量、地点、价格等）提高客户有效反应外，在与供应链所有成员进行低碳经营理念的充分沟通的基础上，着重增加供应链各环节在提供产品或服务时应该展示的碳足迹信息。当前，为获得碳足迹信息而相应付出的成本尚具额外成本属性，但随着低碳经济的飞速发展，将逐渐成为供应链成本管理低碳优化的必需成本。

从上述分析可知，碳成本按照供应链管理层次划分有利于在供应链成本管理的各维度之间分解、改善碳成本、控制实现目标碳成本，突出各维度碳成本的控制重点，如直接碳成本主要发生在内部效率维度，客户维度、供应商维度、产品设计维度及外部效率维度等主要发生作业碳成本、交易碳成本，各维度均只能控制改善本维度的碳成本。

3. 按决策相关性划分

供应链在实施低碳经营战略时，需进行碳成本决策，即在各种减排方案中选择碳成本最小的方案，因此按照决策相关性对碳成本进行划分十分必要。本书认为，按照决策相关性可首先将供应链碳成本划分为相关成本、无关成本两大类，然后再按照数量变化关系对相关成本加以详细的划分，从而对供应链碳成本的构成与特点做出较为深入的讨论，为随后各维度碳成本决策做好理论铺垫。

（1）相关碳成本。与碳成本决策相关的成本主要包括边际碳成本、增量碳成本、差量碳成本等。

边际碳成本是在一定生产能力水平下，增加或减少一个单位的碳排放量所引起的碳成本总额的变动。当实际碳排放量未达到一定限度时，边际碳成本随碳排放量的扩大而递减；当碳排放量超过一定限度时，边际碳成本随碳排放量的扩大而递增。因为，当碳排放量超过一定限度时，总固定碳成本就会递增。由此可见，影响边际成本的重要因素是产量超过一定限度（生产能力）后的不断扩大所导致的总固定费用的阶段性增加。

增量碳成本是由碳排放增量而导致的总成本的变化量，等于碳排放增量之后的总成本减去碳排放增量前的总成本。

差量成本是指两个方案的预计碳成本差异。在进行碳成本决策时，由于各个方案预计发生的碳成本不同，就产生了成本的差异。差量成本是进行碳成本决策的重要依据。

（2）无关碳成本。无关碳成本是指过去已经发生，或虽未发生但对未来低碳经营没有影响的成本。也就是在碳成本决策分析时，可以舍弃，无须加以考虑的成本，如低碳设备更新改造时，旧设备的成本就属于无关成本，在各个备选碳成本决策方案中，项目相同、金额相等的未来碳成本的成本，也可视为无关成本。

二、供应链碳成本管理的目标

一直以来，传统的成本管理都是以低成本为终极目标，即以最少的资源消耗、最低的人力付出成本攫取最大的利润，满足利益相关者追逐利益最大化的需求。学术界在讨论企业财务管理目标时，尽管也存在着企业利润最大化、股东利益最大化、企业价值最大化三种观点，但无论哪一种观点，其最为核心的影响要素都是成本最小化，可见，低成本是传统成本管理的目标所在。然而，所谓低成本意味着只包括与增加客户价值活动有关的成本耗费，而不是一味地越低越好。也就是说，衡量成本是否达标，以客户价值是否全部实现为标准，一切不能增加客户价值的活动都属于浪费，应予以剔除。传统的低成本目标显然只是强调了在企业内部进行的成本改善，成本管理视野仅限于单个企业内部，即仅从企业自身进行成本的内部改善和挖掘，其改善潜力必然无法应对日益激烈的市场竞争。

供应链成本管理目标则在低成本的基础上，加入了高效率和高质量。供应链管理理论的出现，拓展了企业成本改善的研究视野。供应链成本管理理论明确了成本降低的途径，即从原材料供应开始，沿着供应链，力求每个供应链节点的企业都参与到降低成本的进程中，剔除一切非增值活动，最终实现整个供应链的低成本、高收益目标。其中，剔除一切非增值活动是供应链成本管理的精粹所在，因为剔除非增值活动必然会减少不必要的资源耗费、人力消耗，从而降低成本，同时也会使得整个供应链的生产、销售进程加快，链条缩短，缩短产品完成时间，使生产更加贴近实时需求，降低采购、库存、运输等环节的成本。当然，除成本和效率之外，质量也同样是企业立身之本，能够满足客户质量需求的产品或服务才是企业的利润之源。可见，供应链成本管理与传统成本管理相比，管理目标更为全面，即低成本、高效率、高质量，更加有利于增强企业的竞争力。

供应链碳成本管理的目标更多的强调了低碳排放。随着全球性温室气体危机的逐渐加剧，低碳经济发展模式成为当前及未来的发展趋势。低碳经济发展模式强调在产品或服务生产过程中应尽可能地减少碳排放，降低对环境的负面影响。这意味着供应链成本管理目标中的低成本也并非越低越好，需要更多地考虑碳排放对环境造成负面影响等的碳排放因素。因为低成本有时是以高碳排放对环境造成危害为代价，外部不经济成本由社会承担，有悖于低碳经济发展的基本原则。所以，在低碳经济快速发展的今天，供应链碳成本管理的目标应该是以最少的碳排放量、最低的碳成本生产出符合客户低碳化需求的目标产品。

三、供应链碳成本管理的特点

（一）整体性

供应链碳成本管理框架应具有整体性，碳成本管理与控制只有从供应链的整体角度进行，即涵盖目标产品的整个生命周期的成本管理和控制。供应链各个节点成员自身成本的变化及成员间交易方式的变化都会引起供应链整体成本的变化，所以供应链整体利益最优化是供应链碳成本管理的核心思想，必须通过供应链成员间活动和行为的协调即协同减排，才能实现碳排放的全生命周期控制，将供应链整体的碳排放控制在目标范围之内，从而实现供应链目标碳成本。

（二）层次性

供应链碳成本管理框架是一个层次分明的系统，其宏观维度强调从战略高度对供应链碳成本的控制能力进行估算与优化调控，微观维度则主张从战术层面对供应链碳成本的传递、改善与实现进行控制，两个维度各有侧重，相辅相成，该框架所具有的层次性特征保证了供应链碳成本管理方法对目标碳成本控制的全方位覆盖。

（三）逻辑性

本书所提出的供应链碳成本管理框架无论是宏观维度与微观维度之间的关系，还是微观维度内部都具有较强的逻辑性。

首先，如前所述，宏观维度管理与微观维度管理本质上是预算与执行的关系，前者的预算为后者的执行奠定了供应链碳成本差异产生与消除的基础。其次，微观维度内的客户维度、供应商维度、产品设计维度及效率维度之间也具有较为严谨的逻辑顺序，即整个供应链碳成本管理从客户维度出发确定目标碳成本，选择合适的低碳化供应商组成低碳化生产网络，以便共同实现其目标碳成本。同时，为尽可能贴近客户需求并确保设计方案具有生产可行性，在设计低碳化产品时，可考虑让供应商及客户参与到低碳化产品的设计中来，组成低碳产品设计网络。当目标碳成本、产品设计网络及生产商网络结构均得以确定之后，供应链便可从供应链成员之间交流效率的低碳优化及各供应链成员内部流程的低碳优化入手，最终实现客户的低碳化价值，完成供应链成本管理低碳优化的一次循环。简言之，客户维度低碳化是供应链碳成本管理的起点，供应商维度低碳化是供应链碳成本管理的基本保证，低碳产品设计网络维度低碳化是供应链碳成本管理的前提，效率维度低碳化是供应链碳成本管理的效率之源。

（四）动态性

供应链碳成本管理的"动态性"是指供应链成本管理理论与方法要随着低碳技术革新、社会对低碳环境日益强烈的要求做出及时动态的革新。这是因为当低碳经济成为未来整个社会的发展主流后，"低碳"将成为企业在市场竞争中的基本生存法则，低碳技术的不断改进与普及必然带来供应链企业碳成本管理手段与方法的不断更新与变革，因此，供应链碳成本管理框架也将处于一个持续动态发展的过程中，因为只有这样才能及时更新，实现与低碳经济的同步发展，从而对供应链碳成本的管理起到应有的理论指导作用。

（五）收敛性

供应链碳成本管理的"收敛性"体现在碳排放量对供应链成本管理的制约上。

我们知道，低碳经济的发展宗旨在于实现生产经营活动的低排放、低污染、低消耗。回顾人类历次重大产业变革（如蒸汽机革命、内燃机革命、计算机革命、互联网革命等），无一不具有"扩张性"特征，相比以往的重大产业变革，低碳革命有着明显的不同之处，即"收敛性"。比如蒸汽机革命的爆发，引发了人们对煤炭、钢铁、化学原料、土地等资源的需求，人们的生产生活随之变得更舒适、更方便，然而自然资源的不断开发与索取，人类的生存环境已逐渐受到巨大威胁，因此以"低排放、低污染、低消耗"为发展目标的低碳经济必须具备"收敛性"特征，供应链碳成本管理也因此具有了"收敛性"特征。不过需要强调的是，供应链的生产经营符合"收敛性"并不是说一味地降低人们的生活水平、抑制人类的正常需求，而是要通过节能减排技术的研发与使用降低碳排放，实现低碳转型的目的。因此，供应链碳成本管理框架必须以"收敛性"为宗旨，在充分考虑低碳设备与技术投资成本的同时，对所有可能引发高碳排放的环节与活动都要加以识别和剔除，控制碳排放量，实现目标碳成本。

四、供应链碳成本管理的方法

（一）供应链碳成本的计量基础——碳排放量

从目前世界各国对碳排放的管理手段看，碳成本的计量大多以碳排放量为基础，如碳税成本等于碳排放量与碳税税率的乘积，碳排放权成本等于购买的碳排放量与碳价的乘积等，其中碳税税率是由政府制定，碳价是由碳排放权交易市场的交易情形来定。也就是说，供应链自身无法对碳税税率、碳价施加影响，对碳成本的控制几乎可以说等价于碳排放量的控制，只要碳排放量控制在了较低的水平，碳成本基本上也就控制在了较低的水平。因此，本书后续各章节的讨论都将以降低或控制碳排放量为主线而展开。

根据目前国际上施行的总量控制与交易机制来看，供应链持续经营中至少需关注四种碳排放权（量）。

1. 年度碳排放限额

碳排放额度是指由供应链所在地区的政府为每个企业制定的碳排放量上限，是由供应链所在区域政府分配的碳排放量的最大值，简称"政策最大值"。该额度旨在为企业碳排放行为做出规范，即在额度内排放二氧化碳者，其排放行为符合低碳经济发展要求，其产品生产经营可在相关法律保护下正常组织进行；相反，超额排放二氧化碳者，需承担双重处罚成本，一是从碳交易市场购买超标排放的排放权，二是缴纳碳罚款，接受行政处罚，承担环境社会责任。

碳排放额度对供应链生产经营者来说，属于行政性碳约束，供应链企业必须在制定生产计划和预算时重点考虑，否则会面临缴纳罚金甚至关停的处罚，因此，在供应链碳成本管理决策中，碳排放额度构成碳成本的碳约束之一。

2. 目标碳排放量

目标碳排放量是指在客户意愿调查、市场竞争对手调查的基础上，依据产品或服务的目标成本，由市场驱动成本管理法倒推而来，即通过市场调查确定的目标售价减去供应链期望的目标利润，得到目标总成本，因付出目标总成本所引发的碳排放量即为目标碳排放量，由这些碳排放行为引出的成本即为目标碳成本。由于该排放量来自于市场调研，因此本书简称为"市场最大值"。此指标越大，对供应链来说越容易实现，但还要受到政府分配碳排放限额的限制，或需要供应链额外付出成本购买碳排放权才能满足该指标。

根据目标成本法的原理可知，供应链管理首先要通过客户需求调查，确定具有一定市场竞争力的目标售价，然后按照市场驱动成本管理的方法，将供应链目标利润从目标售价中减去之后，便会得到整个供应链需共同为之努力的目标成本，这一目标成本成为整个供应链产品生产资源耗费的上限，即成本约束。

在低碳经济发展模式下，供应链碳成本管理者需对目标成本法做出适当的拓展，需要在制定目标售价与目标成本的同时，换算出对应的碳排放量，进而推算出这样的碳排放量需要付出怎样的碳成本。同理，这一目标碳成本及其所对应的目标碳排放量也就成为整个供应链产品生产含碳资源耗费、碳排放量的上限，即碳成本约束、碳排放约束，简称碳约束。碳约束的存在意味着供应链条上的一切经营活动都必须围绕着碳约束进行，目标碳成本及其碳排放量需要在供应链的每个节点进行分配，每个链接点都必须将所在节点的碳成本及其碳排放量控制在分配的限度之内，如此才能最终共同完成供应链碳成本的终极目标。

3. 可接受碳排放量

可接受碳排放量是指在供应链现有生产能力范围内，为客户提供产品所对应的碳排放量，这一指标反映的是供应链所能控制的碳排放量的最小值，简称生产能力碳排放量，本书简称为"生产能力最小值"，此指标越低，表明供应链的碳排放控制能力越高。该碳排放量代表了供应链企业现有的碳排放量水平，这一指标应满足两个条件：一是不能超过碳排放量额度，否则需承担相应的碳责任；二是应大于等于目标碳排放量，表明供应链目前的生产经营能力完全能够满足客户的低碳需求，否则需采取各种节能减排措施降低碳排放量。

4. 现行碳排放量

按照现行产品设计方案生产产品所产生的碳排放量，本书简称为"现行值"，此排放量通常与目标碳排放量不一致，尤其是当现行碳排放量大于目标碳排放量时，供应链各节点需要将二者之差作为减排任务进行分解，并采用各种成本挤压法，剔除高碳环节，最终将现行碳成本降至目标碳成本。此指标只需与目标碳排放做比较，判断是否存在改善成本的必要。

　　显然，这四种碳排放量决定了本书对供应链碳成本管理的研究内容，随后的章节将紧紧围绕这四种碳排放量展开。

　　(二) 供应链碳成本管理的工具

　　供应链成本管理离不开先进的成本管理的理论和方法。

　　Goldbach M. (2002) 提出了供应链作业成本法和供应链目标成本法两个重要概念，认为供应链作业成本法可以作为一个合作性工具，采用激励和信任作为协调机制，依赖于双方的信任。供应链目标成本法可以提供基于权力的对抗性工具，作者将合作性或基于信任的作业成本法同目标成本法结合起来。

　　1. 供应链目标成本法

　　Cooper、Slagmulder (1999) 把目标成本法看作框架，通过市场价格感应市场信号和客户需求，从而引入某种压力，如果压力能平均施加到所有供应链伙伴，就可能产生积极效果。同时，把目标成本法归于约束机制，约束机制将客户要求转化为可接受的成本，也就是供应链和供应链各个层次上的成本目标。

　　20 世纪 60 年代，丰田公司 (TOYOTA) 开发了目标成本法 (Target Cost Management，TCM)，吸收客户满意度的理念，并以市场价格为基础确定目标成本，通过连接采购商和供应商的目标成本系统分摊成本缩减的压力，由供应链下游成员识别出最终的客户需求，然后将成本压力沿着链条传递到供应链上游的供应商，由此将客户需求转化为整个供应链的一种强制性竞争约束。

　　2. 供应链作业成本法

　　Cooper、 Slagmulder (1999) 将作业成本法归于授权机制，是一种既能支持单个供应链伙伴分析优化，又能支持所有供应链伙伴共同分析优化的一般成本管理工具。作业成本法最大的贡献在于强调成本动因，本书在探讨供应链碳成本管理框架时，即采纳了作业成本法中成本动因的分析方法，并以此为依据研究了供应链碳成本的控制问题。

　　本书以下各章节即将以供应链目标成本法为目标碳成本的确定、改善与实现工具，通过供应链作业成本法将客户、供应商、产品设计及效率四个维度有机贯穿起来，分析作业性成本动因，研究供应链目标碳成本的决策及管理路径。

五、供应链碳成本管理的内容

供应链碳成本管理与传统供应链成本管理的内容有所不同，从前文的阐述可知，低碳化供应链具有整体性、层次性、逻辑性、动态性、收敛性五大特点，这决定了供应链碳成本的控制需在整体战略规划的基础上，递进、逐层地按照一定的逻辑性适时调整碳成本管理策略，将碳成本控制在目标范围之内，尽可能在使得自身碳排放控制能力符合客户需求的同时，不违背政府碳排放限额的规定，最终实现供应链经济利益最大化。然而，在当今西方发达国家施行的碳排放总量控制与交易机制下，企业持续经营的前提条件之一是必须拥有足够的碳排放权，否则会面临终止经营的风险。因此，本书认为供应链碳成本管理不同于传统供应链成本管理之处在于碳成本的管理本质上就是消除四种碳排放量差异的过程。如前所述，碳成本的计量基础是碳排放量，故而本书以下章节将碳排放量差异均简称为"供应链碳成本差异"，并紧紧围绕"供应链碳成本差异"展开论述。

基于上述分析，本书认为供应链碳成本管理的内容应该包括四个部分：供应链碳成本差异分析、供应链碳成本动因分析、供应链碳成本因子分析、消除碳成本差异的决策分析。

（一）供应链碳成本差异分析

供应链企业只有消除了四种碳排放差异才能满足客户低碳化需求，控制碳成本。

我们知道，传统供应链成本管理通常需要先对客户意愿进行调查后，才能确定出供应链的目标成本。本书所提出的供应链碳成本管理同样需要从客户的低碳需求调查入手，获取目标客户的目标碳排放量指标。目标碳排放量与供应链自身的可接受碳排放量之间、目标碳排放量与现行碳排放量之间以及目标碳排放量与年碳排放量限额之间、现行碳排放量与可接受碳排放量之间分别形成四种碳排放量差异，本书称之为"供应链碳排放差异"，也可称之为"供应链碳成本差异"。这四种差异的存在意味着如果供应链所拥有的碳排放权额度、碳排放控制能力以及现有产品设计所引发的碳排放量不能满足生产目标产品所需的碳排放水平，那么，供应链目标产品的生产经营将不能正常进行。因此，供应链碳成本管理必须以消除"供应链碳成本差异"为目标，即能力差异、设计差异、碳权差异决定了供应链碳成本管理与传统供应链成本管理有着本质的区别，这些碳成本差异成为供应链全体成员需要协同努力加以消除的目标。因此，如何消除四种碳排放量之间的差异并最终实现目标碳成本，形成了本书后续章节微观维度碳成本管理的研究线索。

四种碳成本差异按照形成顺序分别为：

1. 碳权差异

碳权差异是指目标碳排放与政府初始分配的年碳排放限额之间的差异，其中来自市场调查的客户目标碳排放大小取决于供应链选择的目标客户类型，来自政府初始分配的年碳排放限额则已无法更改。

众所周知，供应链只有将供应链产品的碳成本控制在客户所要求的目标之内才能满足客户需求，从而获利生存。然而，政府部门为实现碳排放总量控制目标，其初始分配给供应链企业的碳排放权是有限的，供应链必须在此碳排放限额内生产经营，否则，轻则受到碳排放超标罚款的惩罚，重则引发关停并转风险。因此，如何解决政府分配的碳排放限额（本书称之为"政府碳排放限额"）与供应链目标产品所需碳排放额度（本书称之为"目标碳排放"）之间存在的差异成为供应链碳成本管理的首要问题所在。由于该差异在供应链客户维度进行客户目标产品市场调查之后发现，必须在客户维度加以消除，本书将二者碳排放额度之差称为客户维度碳成本差异，简称为"碳权差异"。可见，"碳权差异"的消除成为客户维度碳成本的管理目标。

2. 能力差异

能力差异是供应链自身的可接受碳排放量与目标碳排放量之差导致的

碳成本差异，其中供应链的可接受碳排放量反映的是供应链依据现有规模计算出来的碳排放控制能力。

可接受碳排放量大于目标碳排放量则差异为正，说明供应链"能力最小值"与"目标最大值"存在差异，就供应链目标产品的碳排放需求来说，供应链控制碳排放量的能力还很不够，需要采取措施提高供应链自身的碳排放控制能力；相反，则说明供应链控制碳排放量的能力很好，足以应对客户对目标产品的碳排放需求。显然，该差异为正则需消除后才能进入试生产，为负则可直接进入试生产。

3. 设计差异

设计差异是现行设计的碳排放量与目标碳排放量之差导致的碳成本差异，其中现行的设计碳排放量是指按照原有设计理念设计同类产品的碳排放量，这是供应链通过产品设计网络的重新构建可以改变的指标。

当现有碳排放量（现行最小值）大于目标碳排放量（目标最大值）时，说明按照现有产品设计方案生产所产生的碳排放量无法控制在目标碳排放量之内，即有极大的超标可能性，需要采用各种成本工具进行成本改善，直至消除该差异，才能进入试生产；相反，若现有碳排放量小于目标碳排放量，则说明按照现有产品设计方案生产不会产生碳排放量超标，可以直接进入试生产。

4. 效率差异

效率差异是供应链所拥有的碳排放控制能力（即可接受碳排放）与现行产品设计所需的碳排放（现行碳排放）之间的差异，该差异反映了供应链企业对自身低碳设备与技术的利用程度，同时也显示了供应链碳成本管理中值得重视的资源利用效率问题，即供应链的碳排放能力越高，应对市场低碳形式的能力就越大，但过多的碳排放控制能力也会造成闲置能力的浪费，无端增加碳成本，因此在效率维度应着重决策才能使得供应链碳排放控制能力与目标碳排放相匹配，从而消除"效率差异"降低碳成本。

综上所述，供应链的四种碳成本差异分别反映了供应链低碳化经营中必然存在也必须解决的问题，四种供应链碳成本差异是供应链碳成本管理的重要内容，分析并消除这些差异将成为供应链目标碳成本实现过程中的重要线索。

（二）供应链碳成本动因分析

成本动因又称"成本驱动"，是由科茨（1949）在《管理计划与控制》一书中首次提出的概念，定义为"在企业中引起成本（费用）变动的所有方面，包括产品质量、生产工时、订货批量、提供的样本量等各种变量"，之后迈克尔·波特（1985）在研究成本优势战略中，指出成本动因是构成成本结构的决定性因素。本书认为供应链碳成本动因分析是碳成本管理的基点，具体如下：

1. 分析目的

供应链碳成本动因分析是进行供应链碳成本管理的基础，通过供应链各维度碳成本动因的分析，可以实现以下两个目的：

（1）识别各维度碳排放动因，提炼碳成本决策因子。供应链只有在分析并明确了影响供应链碳成本发生的成本动因之后，才能找出引发高碳作业、导致碳成本的原因（即关键动因或决策因子）所在，然后根据碳成本关键动因构建决策模型，将碳成本控制在供应链目标碳成本之内。

（2）合理估计并控制各维度碳成本。一切成本的发生都是其动因所致，控制动因便控制了成本的发生。为保证供应链各维度经营活动的正常进行，难免会引发碳资源的耗费。同一项活动通常有不同的方式以供选择，耗用的碳资源也各不相同，通过分析该项活动的成本动因，可以确定和比较不同碳成本相关决策下碳资源消耗量引发的碳成本（或碳排放量），进而选择碳成本较低者为优，为目标碳成本的最终实现奠定基础。

2. 分析层次

成本动因理论源自作业成本法，但却在战略管理、宏观管理等领域运用。本书按照 Shank 和 Govindarajan（1993）的思想，将成本动因分为宏观层面的战略成本动因和微观层面的经营性成本动因，战略层面的成本动因又可从结构性成本动因、执行性成本动因两个方面进行分析。

本书认为，供应链碳成本动因分析是建立供应链碳成本管理体系的前提，本书随后各章节的内容都将按照"碳成本差异分析＋碳成本动因分析＋碳成本决策"的模式展开。

（三）供应链碳成本决策因子分析

供应链碳成本决策分析的目的在于消除四种碳成本差异，然而不同类型的碳成本决策因其所要消除差异的类型及动因不同，决策侧重点也会有所不同，因此，事先提炼出决策因子是做好供应链碳成本决策的前提。

"决策因子"是指影响决策的关键因素或变量。通过碳成本动因分析提炼出碳成本决策因子之后，供应链企业就可以有的放矢，依据决策因子建立决策模型，进行碳成本决策，从而消除碳成本差异，将控制碳成本在目标碳成本之内。

（四）供应链碳成本的决策方法

决策因子确定之后，采用怎样的决策方法取决于消除碳成本差异的类型。本书认为，供应链碳成本决策方法首先应分为宏观、微观两个维度：宏观维度在进行战略性碳成本动因分析之后需进行可接受碳成本决策；微观维度则以客户维度为逻辑起点，以满足客户低碳化需求为目标，通过客户维度、供应商维度、产品设计维度以及效率维度的讨论，分别研究碳权差异、能力差异、设计差异及效率差异的形成与消除方法，提出客户低碳化分类决策、低碳设备投资决策、供应商低碳化评价决策、产品设计网络构建决策、效率优化决策及闲置生产能力处置决策等供应链碳成本控制方法。

第二节　供应链碳成本管理的二维五度框架

根据战略成本管理（Strategie Cost Management，SCM）理论，供应链企业需要将成本管理置身于战略管理的广泛空间，从战略高度对供应链成员间的成本行为与结构加以分析，不仅能降低当前成本，更重要的是建立和保持企业的长期竞争优势，全方位、多角度和突破单个企业自身的成本管理，重在成本避免、立足预防，从宏观上控制成本的源头，从而获得市场竞争优势和主动权。微观维度的成本管理重在细节的执行与实施，战略性成本决策的成败与否则取决于微观维度对战略性成本决策实施效率的高低。

一、供应链成本管理框架的发展

从 Cooper 和 Slagmulder（1999）的供应链成本管理"产品—关系"二维框架，到 Stefen Seuring（2002）的供应链成本管理"生产—关系—成本"三维分析模型，供应链成本管理框架经历了平面到立体的改进过程。这一框架的最终形成为本书供应链碳成本管理提供了思路。

（一）供应链成本管理的产品—关系二维框架

Cooper 和 Slagmulder（1999）基于供应链管理的思想将供应链成本管理划分为产品和关系两个维度，并根据生命周期成本管理的思想将每个维度具体划分为构建和界面优化运营两个阶段，形成了如图 3-1 所示的四个区域的供应链成本管理矩阵。

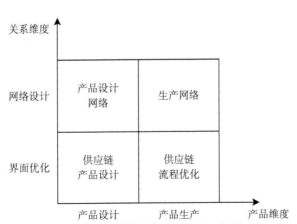

图 3-1　供应链碳成本管理的产品—关系矩阵

资料来源于：R.Cooper，R.Slagmeder（1999）。

（二）供应链成本管理的生产—关系—成本的三维框架

Stefen Seuring（2002）将成本划分为直接成本、作业成本、交易成本三个部分，并进一步将成本的三个组成部分加入到上述产品—关系二维分析的框架中，得到供应链成本管理的三维分析模型。供应链成本管理的生产—关系—成本的三维框架如图 3-2 所示。

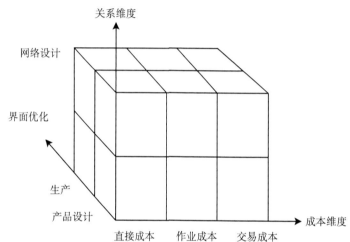

图 3-2 供应链成本管理的生产—关系—成本三维框架

资料来源：Stefen Seuring（2002）。

将供应链成本管理框架的内容总结如表 3-2 所示。

表 3-2 供应链成本管理框架的内容

区域	产品和网络设计区域	产品生产和网络	产品设计和网络界面优化	界面优化—关系
解决问题	生产什么样的产品（What）	供应商的选择（Who）	零部件设计作业的自营和外包	如何高效的生产（How）
成本重心的转移	大部分交易成本（为使得产品和供应链管理相互兼容而发生的信息技术投资成本），较少作业成本，没有直接成本	主要是交易成本（供应商关系的一次性投资），其次是较少直接成本、一些作业成本	少量直接成本，相对多的作业成本；供应链大部分直接成本都已经由这一区域的决策决定	成本中心逐渐从交易成本转为较多作业成本、大量直接成本

供应链的成本发生贯穿整个生产销售过程，直接成本、作业成本、交易成本交替发生，虽然没有明确的界限，但从图 3-1 和图 3-2 中可以看

出，随着供应链活动的深入，成本重心渐渐从交易成本向作业成本和直接成本转移。也就是说，产品和网络结构决策区域（第一区域）的主要成本是交易成本，供应链产品设计决策区域（第一区域）更多的是作业成本，生产网络构建决策区域（第三区域）直接成本开始大量增加，供应链流程优化决策区域（第四区域）几乎都是直接成本，交易成本已经非常之少。

二、供应链碳成本管理二维五度框架的构建

通过上述对传统供应链成本管理框架的分析，本书认为传统框架尤其是 Stefen Seuring（2002）改进后的生产—关系—成本的三维框架对控制供应链成本管理提出了纲领性的指导与概括，然而将该框架运用到碳成本管理实践中尚缺乏相应的研究。基于此，本书提出供应链碳成本管理二维五度框架，认为供应链碳成本管理应该从宏观与微观两个层面（即二维）、碳排放能力控制维度、客户维度、供应商网络维度、产品设计网络维度及效率维度等（即五度）进行，具体如图 3-3 所示。

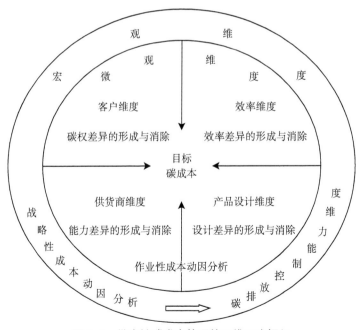

图 3-3 供应链碳成本管理的二维五度框架

（一）供应链碳成本管理框架的宏观维度

供应链碳成本宏观维度反映的是供应链碳排放控制能力的管理手段，是根据供应链实际生产能力对碳排放控制能力进行分析的重要步骤，其目的在于从战略性成本管理的高度分析供应链碳成本的动因，在宏观层面调控优化供应链资源，预先估算出供应链控制碳排放的能力（即后续章节中的"可接受碳成本"或"可接受碳排放量"），从而预先控制日常经营中潜在的碳成本。

从碳成本定义可知，组成并影响碳成本的因素包括低碳设备与技术投资、碳排放量、碳市场交易价格、碳税税率等。在供应链碳成本管理的战略性动因分析之后，供应链碳成本管理的战略规划已经形成，碳成本的相关因素如低碳设备与技术投资、碳税税率等的发生已经从战略层面决定了整个供应链碳成本的主要结构及内容。从成本性态分析的角度看，低碳设备与技术投资成本都已陷入"沉没"，不再有改动的可能与必要性，应该说至此供应链碳成本管理的框架已经搭建好，离最终管理目标只有一步之遥。然而，就是这最后的一步，对供应链碳成本管理目标的最终实现却有着至关重要的作用。简言之，在依据战略性动因的分析结论制定出相应碳成本管理方案后，供应链碳成本管理目标在微观层面如何最终实现，取决于供应链上所有节点企业的作业成本动因分析是否精准，以及根据这些作业性成本动因所确定的作业成本是否精确。

（二）供应链碳成本管理框架的微观维度

供应链碳成本管理框架的微观维度是在 Stefen Seuring（2002）的三维框架基础上构建起来的，其目的在于从微观层面分析供应链碳成本的动因，进而通过合理使用供应链低碳资源以消除供应链碳成本差异，从而实现目标碳成本。

从 Stefen Seuring（2002）三维框架图可知，供应链成本区域分为产品和网络设计区域、产品生产和网络、产品设计和网络界面优化、界面优化—关系四个区域，每个区域都具有各自不同的成本特征。本书在这四个区域划分的基础上，相应提出并论述了供应链碳成本管理框架的微观维度，包括客户维度、供应商维度、产品设计维度、效率维度。

这四个维度相辅相成，它们之间的逻辑顺序为：整个供应链碳成本管理首先应从客户维度出发确定目标碳成本；然后选择合适的供应商组成低碳化生产网络，以便共同实现其目标碳成本；再次为尽可能贴近客户需求并确保设计方案具有生产可行性，在设计低碳化产品时，可考虑让供应商及客户参与到低碳化产品的设计中，组成低碳产品设计网络；最后，当目标碳成本、产品设计网络及生产商网络结构均得以确定之后，供应链便可从供应链成员之间交流效率的低碳优化及各供应链成员内部流程的低碳优化入手，最终实现客户的低碳化价值，完成供应链成本管理低碳优化的一次循环。具体表述如下：

客户维度低碳化是供应链碳成本管理的起点。满足客户需求是整个供应链成本管理低碳优化战略实施的起点，客户的低碳化需求决定了供应链产品或服务的目标售价，进而决定了目标碳成本。因此，客户维度的低碳优化成为供应链成本管理实现低碳优化战略的起点。传统的成本管理将客户排除在影响因素之外，将缩减成本界定为企业内部的活动，与客户无关。随着世界经济的迅速发展，客户利益至上已成为一种共识，在低碳经济发展的今天，客户利益更是成为企业发展战略的核心理念，因此客户也成为低碳化供应链的成员之一。客户的需求直接决定了供应链管理低碳化的目标，满足客户（消费者、政府、社会）需求成为低碳化供应链成本管理的起点，是实现低碳经营的动因之源。所谓"水能载舟，亦能覆舟"，低碳化供应链能否实现，首先取决于是否最大化地满足了客户的低碳化需求。零售行业的文献指出，以客户为中心的组织在满足客户需求方面更有效率，而且成本更低。采用以客户为中心的营销公司将成为最成功的公司。因此，供应链成本管理的低碳优化需要从客户维度出发。在这一维度中，为实现供应链成本管理的低碳优化目标，供应链核心企业需要制定出客户分层管理的低碳优化标准，以此对客户进行分类管理，确定相应的客户关系管理策略，进而满足客户的低碳化需求，最终以较低的客户管理成本实现客户价值增值。

供应商维度低碳化是供应链碳成本管理的基本保证。明确了客户的低碳化需求之后，在目标碳成本的约束条件下，供应链全体成员需通过协同管理才能实现客户的低碳化价值。由于目标碳成本的实现仅靠制造商自己是很难实现的，因此，制造商需要将这一目标碳成本沿着供应链向上游传递和分解至各层面的供应商，包括材料供应商、零部件供应商等，供应商提供的材料或服务质量的好坏直接影响到制造商产品或服务的质量，所以，供应商的选择便成为供应链成本管理微观维度框架的第二维度，构建一个合理的供应商生产网络是实现低碳化目标的基本保证。

低碳产品设计网络维度低碳化是供应链碳成本管理的前提。产品从最初的产品设计到最终退出市场的全部过程称之为"产品生命周期"，它包括三大部分：即设计阶段、生产阶段、服务与退出阶段。产品设计处在产品生命周期的第一阶段，此环节设计的合理性，对产品的整个生命周期非常关键。产品设计阶段决定了70%~80%的产品成本与产品特性，在产品生命周期中处于重要的地位，因此，产品设计网络的构建至关重要。将供应商纳入产品设计网络中，可以确保产品设计具有较高的生产合理性，相较而言，供应商对零部件特性（如零部件是否具有替代产品，其回收成本、回收再用的可能性等）认知的专业程度要高于制造商，在设计环节将这些因素预先考虑进来，可以避免或减少产品生命周期末端的使用成本、回收成本、治理成本等，对降低整个产品目标碳成本来说，可谓事半功倍。同理，将客户也纳入到产品设计网络中，则可以确保产品功能、质量更加贴近客户需求，捕捉到客户需求也就捕捉到了盈利商机，只提供能为客户增加价值的功能，事先避免那些不能为客户带来增值的多余功能，由此便拓展了目标碳成本的降低空间。

效率维度低碳化是供应链碳成本管理的效率之源。在传统的供应链中，供应商、生产商、分销商和零售商通过独立的工作来优化各自的实物流和信息流。由于交流不够充分，供应链各成员总是难免为供应链中的其他企业制造各种问题和无效工作，增加了供应链业务流程的复杂性，从而给整个供应链带来额外的成本。因此，在认识到这些无效工作后，企业需要在各自组织的内外建立协作型关系予以消除，优化整个供应链管理的交流方式，目标是从协同的角度共同确定合作领域，而不是被产品本身所驱动，并不断压迫分销商或零售商成为向最终用户交付产品的关键要素。可见，界面优化对供应链成本管理实现低碳优化是极为重要的维度之一。尽管供应链成本管理目标之一强调的是各成员之间交流效率的提高，但各成员内部作业流程之间的效率对整体供应链成本管理的效率也会产生至关重要的影响。就好比兴建一座大楼，框架结构的搭建固然重要，但地基的夯实更是关键所在。成员间交流效率的提高是框架结构，成员内部各作业流程的低碳优化则是地基。因此，在这一维度中，界面优化—关系既包括各成员之间信息交流方式的优化，也包括各成员内部自身作业流程间信息交流的优化。目前，供应链成员之间的界面优化工具中，运用较为成功的是电子数据交换（EDI），供应链成本管理低碳优化的实现自然也离不开这一高效的交流工具。当然，EDI的使用随着软件功能的逐渐升级、硬件设施投资的不断增加，此类低碳投资与所带来的低碳收益（如效率提升等）分析、界面优化的低碳成本动因分析都将成为效率维度的重点内容。同时，供应链成员内部效率优化则需要从材料采购、清洁生产、低碳运输、低碳销售、低碳办公、末端治理与回收等环节分析低碳优化的策略、成本动因。

（三）宏观维度与微观维度的关系

宏观维度与微观维度之间其实是预算与执行的关系，即通过宏观维度的成本动因分析，可帮助供应链碳成本管理者根据供应链自身已经拥有的碳排放控制能力确定或估算"可接受碳成本"。这一指标为微观维度目标碳成本实现的可能性判断提供参考，二者之差（即可接受碳成本大于目标碳成本的差异）为"能力差异"，即为供应链首先必须消除的差异。然后，通过微观维度的成本动因分析，可进一步研究供应链碳成本差异，如"碳权差异"、"设计差异"、"效率差异"的形成与消除，直至实现目标碳成本。

因此，在供应链碳成本管理的二维五度框架之下进行碳成本管理，可以较为全面、系统地将碳成本控制在目标范围之内，直至最终实现。

第三节　本章小结

　　本章在 Stefen Seuring（2002）的"生产—关系—成本"三维分析模型的基础上提出了供应链碳成本管理二维五度框架及建立基础，并得出结论：供应链碳成本管理应该首先从宏观与微观两个层面（即二维）统筹进行，与此同时，此二维又可细分为五度——碳排放能力控制维度、客户维度、供应商网络维度、产品设计网络维度及效率维度等进行。由此，通过宏观维度的碳成本规划，对微观维度碳成本的控制形成宏观引导，同时通过微观四个维度的碳成本动因分析与决策，消除供应链四种碳成本差异，从而对供应链碳成本的宏观调控提供理论支撑。

第四章　供应链碳成本宏观维度的管理

本章主要从宏观维度对供应链碳成本的动因、决策因子及决策方法进行评估与决策，从而为微观维度碳成本的控制提供宏观引导。本章内容分三部分进行：一是对供应链碳成本的战略性动因进行宏观分析；二是通过因子分析法提炼碳成本决策因子；三是根据宏观维度的碳成本决策因子讨论可接受碳成本的构成内容并进行评估。

第一节　供应链碳成本的战略性动因分析

从碳成本属性分析可知，影响碳成本的因素包括低碳设备与技术投资、碳排放量、碳市场交易价格、碳税税率等。供应链该如何掌控这些因素才能实现碳成本最小化的管理目标？供应链管理涵盖了供应、生产、销售和售后服务的企业经营全过程和产品的全寿命周期，这决定了供应链成本管理的低碳优化要从宏观、微观两个层面进行才能取得供应链成本低碳优化全面控制与实现的效果，而战略层面上的成本低碳优化控制则应在供应链的构建之初就开始。

一、供应链碳成本管理的结构性动因分析

(一)规模动因与碳成本

规模动因强调通过加大同一种产品的产销数量的大小对碳成本的影响力分析,即在给定的技术水准上,随着供应链中产销数量规模的加大,活动成本分摊于产销规模较大的业务量从而使得单位成本降低,则会产生规模经济。

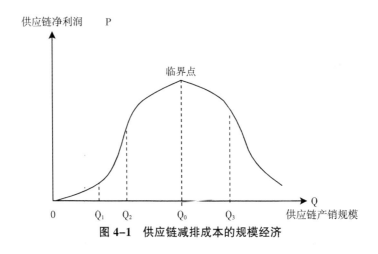

图4-1 供应链减排成本的规模经济

如图4-1所示,假设低碳投资初期的设备投资成本(即减排投资固定成本)一定,随着产品产销量规模的逐渐扩大,产品单位碳成本逐渐下降,净利润则呈现逐渐上升趋势,尤其是在到达 Q_1 时,供应链净利润开始急剧上升,此时供应链碳成本中的碳成本处于规模经济阶段;但当产品产销规模突破 Q_2 时,虽然供应链净利润仍然呈现出上升状态,但增长幅度明显开始趋于缓和,此时供应链碳成本的规模经济趋势进入胶着状态,直到产品的产销规模增至 Q_0 时,原有的低碳投资已无法支撑过高的产销量。如若继续加大产销规模,则碳成本会出现两种情形:一是因供应链的减排能力无法应对超大的产销规模,将导致供应链碳排放量陡增,供应链需对超出碳排放权的排放部分承担不可避免的罚款、排污费、末端治理等新增碳

成本，此时不但整个供应链出现规模不经济，相关成员企业的社会声誉也将会遭受巨大损失；二是为应对超出原有低碳设备生产能力的减排需求，供应链需要再次增加低碳设备的相应投资，进入下一波碳成本管理的规模经济循环曲线，唯有如此才能避免碳排放超标导致的规模不经济及社会声誉损失。

在 Q_0 以内，低碳设备与技术的投资规模越大，每件产品分摊的碳成本越低，但这一区间内产销量所对应的碳排放总量符合供应链排放标准，保持不变；而一旦突破 Q_0，则需要新增一批低碳设备与技术投资，否则碳排放将超标，碳成本必然加大。

可见，供应链碳成本的变动会受到规模动因的重大影响，为实现供应链碳成本中碳成本最小化的管理目标，供应链需从规模动因分析的战略高度入手，事先加强对自身减排能力的测算，确保供应链碳成本管理实现规模经济目标，避免规模不经济的出现。

（二）范围动因与碳成本

根据前述对碳排放权成本属性的分析可知，碳排放权交易机制将企业的碳排放行为推向了市场，实现了碳排放行为成本由外而内的实质性转化，成为未来企业发展战略中不可或缺的重要砝码。可以预见，随着世界不可再生能源的逐渐枯竭以及温室气体效应的日益加剧，碳排放权对于每个供应链成员企业来说，无论对其当下还是未来的发展，都相当有限。如何将有限的碳排放权在全球日益脆弱的环境负荷内加以充分的利用，是需要每个试图在未来低碳经济发展浪潮中立足的企业拼尽全力值得一搏的战略诀择。

在前文供应链管理与低碳经济契合点的论述中，我们得到一个确信无疑的战略性结论是，将低碳经济发展理念嵌入到供应链管理中，利用供应链管理业已成熟的管理手段，将若干个单独企业串联起来，通过构造一条更加有效的低碳行业链、价值链，统筹施行低碳战略是当前较为可行的方案，这也正是本书立论的基点所在。因此，本书认为，在供应链成本管理实践中，我们可以以供应链末端确定的目标碳成本为约束条件，在整个供应链目标碳排放量的约束范围内，延伸或缩短供应链的长度，从而将供应链中各成员企业的相关资源，包括各自的碳排放权在内，加以适度整合，从范围经济的视角寻求降低碳成本的勃勃商机。

根据战略动因理论可知，范围动因的运用会出现两种截然相反的成本效应：

一种成本效应是碳排放权在供应链成员企业间得以精细分配。通过适度的纵向整合，将产品生产的链条加长，链条中每个成员企业都根据自身的情况，适度分工，从而将主要精力集中到自身擅长的核心业务中。那么，在供应链碳成本管理实践中，链条的延伸、分工的细化，会减少供应链成员因从事不擅长业务而造成的成本及相应碳排放权的浪费，从而节约碳排放权，降低碳成本。

另一种成本效应则是碳排放权在供应链条内得以互补。通过缩短产品生产链条，使得核心企业能够最大限度地接近市场，及时掌握市场对供应链最终低碳产品的回馈信息，增强有效客户反应（ECR）。与第一种整合相比，这样的整合由于链条短，信息交换相对快捷，市场交易环节减少，交易成本降低，在短而宽的供应链碳成本管理操控有效的情况下，确实可以保持与市场节奏的同步，提高效率，及时提供真正能够满足市场需求的产品，带来联合企业的经济性。同时，由于将低效率成员企业整合一体化，使得各成员企业原有的碳排放权资源也得以由核心企业统筹使用，实现碳排放权在供应链条内的互补，从而减少了长链条中各成员企业因存在信息交换时差所引起的信息成本，也缩小了与低效率成员企业沟通缝隙中资源的无效耗用，将碳排放量的产生降至最低点。

上述两种成本效应都有可能为供应链带来范围经济效应，实现利益最大化，但选择哪一种整合方式更合适则取决于核心企业的整合运营能力，因为无论链条加长还是缩短，都存在着许多不可控的整合风险。

可见，碳排放权成本的大小与供应链整合范围密切相关。无论长链条抑或短链条，实质上得以整合的是供应链资源消耗的效率，而对于供应链碳成本管理实践来讲，资源消耗的有效性则代表了碳排放的有效性，碳排放权成本与碳排放量线性相关的变动成本属性，使得上述两种整合方案的选择有了依据，那就是只为有效率的碳排放埋单是降低碳排放权成本的根本途径所在。

（三）技术动因与碳成本

先进的低碳技术可以使企业处于技术领先地位，为企业带来产品生产模式的革新，带来技术领先的巨大收益。技术领先程度决定了面对市场竞争，供应链产品能否采取领先型成本战略。

随着人们对温室气体效应的认识逐渐加深，为应对日益严峻的气候危机，发达国家在低碳技术开发方面如清洁能源、清洁工艺等取得了令人瞩目的进展。然而很多低碳技术在应用初期都需要高昂的资金投入做后盾，这无形中加大了该技术的应用难度，如太阳能光伏技术的应用，需要巨大的启动资金才能投入运营。因此，技术领先型成本战略固然极具吸引力，但能否采取该战略首先需在成本与效益之间加以权衡。同时，是否采取技术领先型成本战略，还需重点考虑领先技术的持久性。因为只有那些持久领先、不易被竞争对手模仿、迅速跟上的低碳技术才能使企业真正立于领先之地。

可见，无论是单个企业还是供应链，在技术动因的分析决策中，成本效益原则是最为重要的衡量标准，我们在看到领先技术为供应链带来碳成本摊薄现象的同时，也不能忽视技术革新带来的成本决策风险。

（四）经验动因与碳成本（低碳技术投资）

正如本书前文所述，供应链成本管理的目标是整个供应链的碳成本最小化，任何只关注链条成员自身利益的策略都是次优的，因此，供应链上成员之间只有采取合作信任的策略，才能实现此目标。合作信任策略势必要求供应链上每个成员企业需要充分共享信息，最为关键的是供应链成员之间可以通过学习提高运作效率从而使整体成本下降。学习成果通过供应链条从一个企业流向另一个企业，这对保持供应链间的相对成本优势至关重要。对供应链来讲，学习有很多种类，包括微观层面的学习（如自我学习等）、宏观层面的学习（如技术溢出等）。

具体到低碳投资方面，链条成员间宏观层面的学习——技术溢出，对供应链碳成本的降低更为重要。链条成员间的技术溢出是指那些拥有先进低碳设备与技术的企业成员对供应链上下游伙伴予以设备或技术支持。这种宏观层面的经营分享与学习——技术溢出，对于那些不具备先进低碳设备与技术的企业成员来说，无疑会形成较大的成本节省。

可以预见，供应链成员间经验分享——技术溢出程度越高，碳排放越少，被投资方碳成本越低，投资方所购材料或服务的碳足迹越小，所需碳排放权越少，碳排放权成本越低。

当然，实现技术溢出的前提是合作各方能够在权衡各方利益的情况下签订供应链内部的设备与技术投资协议，唯此，被投资方才能在生产经营中推行低碳理念，实现低碳生产美好愿景的同时，向投资方提供符合低碳标准的材料、燃料动力资源及低碳营销服务，从而确保整个供应链的碳足迹都能够控制在目标碳成本之内。

（五）地理位置动因与碳税成本

碳税作为低碳经济发展模式中不可或缺的政府调控手段之一，成为供应链成本的重要组成部分。根据前文对碳税属性的分析可知，碳税的大小取决于其税率的大小，并与碳排放量线性相关。正是由于有这样的属性，常会引发碳排放地点的战略性转移，即为减少自身的碳排放，许多发达国家将很多以化石能源为燃料的产品生产地点实施碳排放的战略性转移战略。所谓碳排放地点的战略性转移是指从碳税税率高的区域转移到低的区域，其目的在于降低碳税成本。

之所以发生这样的转移，是因为西方发达国家关于碳税的研究和实施相对较早，虽然尚未达成国际化统一碳税的税率协议，但它们对各自国内经营组织的碳排放行为已经陆续开始征收碳税。与之相反，很多发展中国家在此方面则相对滞后甚至有些国家尚未开始，这导致各国碳税税率具有很大的差异性，而碳税税率的差异性则为已经实施碳税的国家的企业提供了转移碳排放的绝好机会，将化石能源燃料消耗较大的产品生产地点从碳税税率高的国家或地区转移到低的国家或地区，从而在减少其国内或区域内碳排放的同时，在税率低的国家或地区适用较低甚至为 0 的碳税税率，减轻税负，使得碳税成本得以降低。

综上所述，供应链结构性战略动因对供应链碳成本具有前瞻性的决定作用，具体如图 4-2 所示。

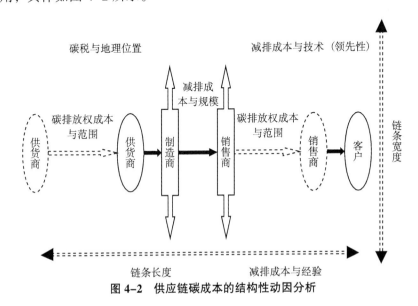

图 4-2　供应链碳成本的结构性动因分析

二、供应链碳成本管理的执行性动因分析

根据前述分析可知，碳排放量是碳成本的计量基础，碳排放量小则碳成本小，反之则大。也就是说，上述对碳成本结构性动因的分析，无论哪一种动因，归根结底影响到的主要还是碳排放量，碳排放量一旦确定，相关碳成本便会随之而定。因此，以下供应链碳成本管理执行性动因的论述则直接以碳排放量为中心展开。

与结构性动因相比，执行性动因对碳成本的影响更加侧重于供应链碳成本管理"软环境"的考虑，此处所谓"软环境"是指供应链企业主观意识层面所具有的主观能动性。主观能动性大，则人力资源可得到最大限度的利用，即员工凝聚力、TQM 意识、自主决策能力、供应链企业内外部联系等动因的正向影响得以充分发挥，供应链企业的物力财力（如生产能力）也能够物尽其用，避免一切不必要的浪费与闲置，供应链碳成本的管理效率自然提升；主观能动性小，则必然导致人心涣散，质量意识淡薄，生产能力闲置浪费的现象随时随处都会发生，更何谈自主决策能力的大小，或者即使进行决策也只能无视内外部利益相关者利益的一意孤行，供应链碳成本的管理再无效率可言。

执行性成本动因分析具体从以下几个方面展开：

（一）员工凝聚力与碳排放

应该说，碳排放与员工凝聚力之间的因果关系是所有执行性动因中最具代表性的，因为员工是整个供应链经营管理中最基本的活动主体，只有当每位员工都意识到碳排放会给供应链带来碳成本，并进而影响到整个供应链利益及员工自身利益时，他们才会在日常经营活动中，主动摒弃资源浪费（如办公用电等）、减少资源消耗行为，减少碳排放的发生，降低整个供应链的碳成本，否则一切都只是空谈。因为即便是根据结构性动因所做出的碳成本管理的战略性规划也将因失去了员工这一执行基础而付之一炬。

（二）TQM 意识与碳排放

全面质量管理（TQM）是出自长期、持续地降低成本的考虑，强调质量管理的范围应是内部的设计、原材料采购、加工程序乃至产品售后服务等环节的全过程的质量控制，而企业员工的 TQM 意识则更加重要。其宗旨是以最少的质量成本获得最优的产品质量，并且可以在缺点为零时达到最低的质量成本。由于纠错成本递减的特性，质量成本会保持下降的态势，直至差错完全被消除。

在供应链碳成本管理实践中，TQM 意识不仅关乎供应链各成员企业对产品质量的全面管理，也直接影响到对降低碳成本的关注程度。企业只有具备了全面降低碳排放管理的意识，关注到生产经营中产生碳排放的每个细节，才能从细节入手，控制碳排放。因此，全面降低碳排放意识是 TQM 在质量管理实践中的具体应用之一，供应链各成员企业必须以 TQM 质量管理的理论指导供应链碳成本管理的实践，唯此才能从执行性动因层面找到降低碳成本的突破口，不错过任何节能减排的机会。

（三）联系与碳排放

随着低碳经济发展势头的迅速崛起，企业仅靠单打独斗已经很难在日益激烈的低碳化竞争中生存，因此借助于供应链管理手段形成联合优势，无疑是一种极具竞争力的低碳战略。此处的所谓"联合优势"显然需要在供应链成员企业之间、供应链企业与链条之外的利益相关者都能够保持持续的、动态的联系，适时更新上下游伙伴信息、市场需求信息与竞争对手态势，以便及时调整整个供应链的碳成本管理战略。

作为碳成本管理执行性动因之一的"联系"，本书认为需要从两个方面予以强化：一是建立"利益相关者至上"的企业文化氛围，敦促供应链上所有成员企业不仅要建立其公司自身的公司治理结构，上通下达做好充分沟通，而且还要将"联系"视野拓展到链条之间、链条之外，尤其是主动与客户端消费者的沟通更是整个供应链碳成本管理的原动力所在。二是界面优化所需硬件设施的投入也至关重要。在网络时代，沟通媒介的传输速度直接决定了与外界、与利益相关者、与企业内部职能部门间联系的时效性，同时也决定了碳成本战略相关决策的成败。

（四）生产能力利用与碳排放

供应链企业所拥有的生产能力是其进行生产经营、控制碳排放的根本保证，是否拥有相应的低碳设备与技术是供应链实现目标碳成本的前提条件。然而，仅仅拥有相应的低碳生产能力是不够的，因为能否真正实现低碳经营，很大程度上完全取决于供应链企业对现有生产能力的利用程度和效率。

供应链碳成本管理对生产能力的动因分析中，着重研究的是低碳设备及技术的投资是否得到了充分利用，碳排放量是否得到了应有的控制与减少。锁定效应是当前低碳经济领域的学者们较多提及的一个现象，锁定效应之所以被屡次提及，是因为低碳设备与技术投资往往金额巨大，使用寿命长，如果在其寿命周期内未能将其功能充分利用，一方面，投资成本失去回收机会，资金被沉没，"沉没成本"将永久性地沉没，企业无形中多了一笔隐形成本的负担；另一方面，则由于低碳设备与技术未能充分利用，致使供应链产品在产品生产过程中的碳排放也可能得不到应有的控制，碳成本随之上升。

总之，低碳生产能力能否被充分利用关乎供应链企业巨额投资的成败，自然也会影响到碳成本的大小。因此，充分利用低碳设备与技术的生产能力，避免锁定效应的发生是控制供应链碳成本的关键。

（五）自主决策程度与碳排放

自主决策程度反映的是企业对自身经营政策的调控能力。

在供应链碳成本管理的实践中，自主程度高说明企业可以根据自身对碳排放量的需求与接受限度，选择相应的经营方案，实现碳排放的达标，降低碳成本，将所受到外界利益集团的非合作性影响降至最小。反之，则说明企业在碳排放决策上缺乏足够的自主权，碳排放量的多与少被外部利益集团所控制，很难将碳成本控制在自身承受能力范围之内，与自身利益最大化目标相去甚远。当然，在高效运作的供应链管理决策中，各成员企业的碳排放决策能力大小会直接影响到碳成本的大小，但作为供应链成员，又必须服从核心企业关于碳排放决策的统筹支配，因此，其自主程度与碳排放量无直接因果关系，并非越高越好或越低越好，而应视供应链整体利益的需求而定。

第二节　供应链宏观维度碳成本决策因子分析

根据上述供应链碳成本的战略性动因分析可知，不同的动因会从不同角度影响到构成供应链碳成本，据此，本书认为根据碳成本决策的主因子进行碳成本决策更具针对性。目前较常采用的主因子提取技术软件是统计分析软件 SPSS17.0。

本书宏观维度碳成本决策因子的分析步骤为：

一、宏观维度碳成本决策因子的提取

本书采用因子分析法的目的，是通过将为数众多的观测变量即碳成本动因缩减为少数"潜变量"，从而简化观测动因，根据主因子建立决策模型以协助供应链企业进行碳成本决策。宏观维度碳成本决策因子的主因子分析数据可采用问卷调查获得。

（一）问卷调查

问卷内容可在前述宏观维度碳成本动因分析的基础上拟定，如表 4-1 所示。

表 4-1　宏观维度碳成本因子列表

动因种类		因子	序号	S
结构性动因	规模动因	产销量	1	产销量
	范围动因	供应商级数	2	供应商合作时间
	技术动因	低碳设备先进程度	3	低碳设备投资成本
			4	低碳资质证书数量
	经验动因	技术溢出	5	供应链间成员技术差异
			6	共享程度
	地理位置动因	碳税税率	7	碳税税率
执行性动因	员工凝聚力	员工凝聚力	8	员工凝聚力
	TQM 意识	TQM 施行	9	TQM 已施行
	联系	结成低碳联盟	10	低碳联盟协议
	生产能力利用程度	低碳设备与技术的利用程度	11	碳排放控制能力对比
	自主决策程度	供应链间的主导性	12	供应链核心或非核心企业

注：表中的每一个动因，都设定了五个等级，分别代表五种判断结果：1 表示根本不重要；2 表示不重要；3 表示一般；4 表示重要；5 表示非常重要。

本书选择了 A 市 10 家零售连锁超市作为问卷调查对象，其中 2 家为大型连锁超市，3 家中型连锁超市，5 家小型连锁超市。问卷的发放对象主要是各连锁超市的采购员、采购负责人及中高层管理者。问卷共发出 100 份，收回有效问卷 86 份，按照其零售业态将问卷数量分布统计如表 4-2、表 4-3 所示。

表 4-2 宏观维度碳成本动因因子分析问卷数量分布统计

零售业态	数量（份）	百分比（%）
大型连锁超市	20	23.26
中型连锁超市	40	46.51
小型便利店	16	18.60
小型文具超市	10	11.63
合计	86	100

表 4-3 宏观维度碳成本因子描述性统计

序号	S	MIN	MAX	ADVERG	SD.
1	产销量	1	5	3.2145	1.3392
2	供应商合作时间	1	5	3.2348	0.3264
3	低碳设备投资成本	3	4	2.4394	0.5331
4	低碳资质证书数量	2	5	3.1487	1.5609
5	供应链间成员技术差异	1	4	2.0947	0.4732
6	共享程度	1	5	3.583	0.8470
7	碳税税率	2	5	2.2353	1.4835
8	员工凝聚力	2	4	3.7364	0.6831
9	TQM 已施行	1	5	3.5589	0.8432
10	低碳联盟协议	2	5	3.0038	1.8937
11	碳排放控制能力对比	1	4	2.5302	0.6830
12	供应链核心或非核心企业	2	5	2.4384	1.7727

（二）主因子效度和信度分析

对宏观维度碳成本 12 个动因进行因子分析，需要首先进行 KMO 和 Bartlett 检验以判断这些数据是否适合进行因子分析，如表 4-4 所示。

表 4-4 宏观维度碳成本决策因子的 KMO 和 Bartlett 值

取样足够度的 Kaiser-Meyer-Olkin 度量 φ		0.733
Bartlett 的球形度检验	近似卡方	2075.046
	df	210
	Sig.	0.000

表 4-4 为宏观维度碳成本因子的 KMO 和 Bartlett 值。表中 KMO 统计量主要用来检验变量间的偏相关性，它是对各变量间的简单相关和偏相关

大小进行比较，取值 0~1。根据 Kaiser（1974）的观点，小于 0.5 不适合做因子分析，KMO 为 0.6 适合做因子分析，大于 0.7 效果较好。本书对宏观维度碳成本动因进行因子分析的 KMO 值结果是 0.733，说明非常适合进行因子分析。表中 Bartlett 的球形检验结果是用来检验相关矩阵是否是单位矩阵，即各变量是否相互独立。结果显示，近似卡方值为 2075.046，自由度为 210，Bartlett 球形检验值的显著性水平为 0.000，小于 0.001，说明宏观维度碳成本因子间有共同因子存在，适合进行因子分析。

（三）主因子提取

通过对宏观维度碳成本动因采取主因子分析法和正交旋转法，采用 Kaiser 标准（特征根大于 1）来提取因子，可以提取 n 个因子作为原有若干变量的主因子。

表 4-5　宏观维度碳成本动因旋转因子矩阵

动因	主因子	
	S1	S2
产销量	0.683	
供应商合作时间	0.539	
低碳设备投资成本	0.738	
低碳资质证书数量	0.837	
链间成员技术差异	0.632	
共享程度	0.660	
碳税税率	0.802	
员工凝聚力		0.934
TQM 已施行		0.739
低碳联盟协议		0.812
碳排放控制能力对比		0.601
供应链核心或非核心企业		0.843

注：提取方法：主因子分析法；旋转法：具有 Kaiser 标准化的正交旋转法。
资料来源：本研究数据结果。

从表 4-5 中可以看出，本次问卷的宏观维度碳成本动因的 12 个因子，经过旋转，最大负荷量均大于 0.5，说明具有很好的项目区分度。

表 4-6　宏观维度碳成本决策因子解释的总方差

动因	初始特征值			提取平方和载入		
	合计	方差的百分数	累积贡献方差率（%）	合计	方差的百分数	累积贡献方差率（%）
低碳设备投资成本	6.395	38.27	38.27	6.395	38.27	38.27
碳税税率	4.357	29.74	68.01	4.357	29.74	68.01
碳排放控制能力对比	0.928	9.13	77.14	0.928	9.13	77.14
产销量	0.912	6.12	83.26			
低碳资质证书数量	0.772	3.98	87.24			
供应链间成员技术差异	0.652	3.83	91.07			
共享程度	0.539	2.79	93.86			
员工凝聚力	0.522	2.13	95.99			
TQM 已施行	0.324	1.82	97.81			
低碳联盟协议	0.282	0.81	98.62			
供应商合作时间	0.149	0.85	99.47			
供应链核心或非核心企业	0.038	0.53	100			

资料来源：本研究数据结构。

通过因子分析可以得到最少的公共因子即主因子，对所有变量进行最大限度的解释，所提取的主因子其累积解释变量的数值越大越好。根据表 4-6，我们可以看到 3 个主因子的累计方差贡献率为 38.27%、68.01%、77.14%，表明通过 3 个主因子可以反映初始 12 个变量的 77.14% 的信息量。因此，本书量表开发的建构效度高。

（四）信度分析

信度分析的目的是为了验证前述提取的主因子所测量的问题是否是同一个问题，即评价量表动因的内在一致性程度。信度分析可以采用 SPSS17.0 提供的 Cronbach's α[①] 进行，该指标在实证研究中被广泛地运用，是评价量表可靠性的有效指标。通常，α 值大于 0.7，则可以判定该量表的可靠性较高；如果介于 0.35~0.7，说明该量表的可靠性在可接受范围

---

① Cronbach's α（克隆巴赫系数），或者 Cronbach's alpha. 是用来检查信度的一种方法，由李·克隆巴赫在 1951 年提出，它克服了部分折半法的缺点，是目前社会科学研究中经常使用的信度分析方法。

之内；如果 α 值小于 0.35，则说明信度低，量表不可靠。

表 4-7　宏观维度碳成本决策因子信度分析

	S_1	S_2	S_3
Cronbach's α	0.936	0.952	0.834

本书对宏观维度碳成本主因子进行分析，获得的 Cronbach's α 系数如表 4-7 所示，所有 α 值大于 0.7，说明该量表具有较好的可靠性。

二、宏观维度碳成本决策因子的分析

（一）主因子描述性统计分析

表 4-8　宏观维度碳成本决策主因子描述性统计

宏观维度碳成本决策主因子	MIN	MAX	ADVERG	SD.
技术动因 S_1	1	5	2.4839	0.8723
地理位置动因 S_2	1	5	3.1034	1.4092
生产能力利用程度动因 S_3	1	5	2.4827	1.3984

（二）主因子影响力分析

对于通过上述方法计算的宏观维度主因子的方差贡献率 38.27%、68.01%、77.14%，将其进行归一处理，可以得到对应的各个主因子的影响系数分别为 0.4327、0.3219、0.2454，设宏观维度碳成本决策因子为 S，则其表达式为：$S = 0.4327S_1 + 0.3219S_2 + 0.2454 S_3$。

1. 结构性动因的决策因子结构

结构性动因对供应链碳成本的构成会产生决定性作用，如规模动因决定了产品产销量的大小，产销量大小则影响到供应链碳排放总量或碳成本的多少；范围动因决定了供应链供应商网络的级数，供应商级数的多少则会影响到供应链交易成本的大小；技术动因决定了供应链低碳设备的先进程度，低碳设备投资是碳成本的重要构成部分，也是供应链碳排放成本与社会平均减排成本产生差异的根本所在；经验动因决定了供应链成员之间低碳技术的差距与可实现共享的幅度，差距或幅度越大，供应链结成低碳联盟的效益越大，碳成本控制能力越高；地理位置动因决定了供应链供应商网络与目标客户群的分布，不同碳税税率区域的分布组合方案会对供应链碳成本产生不同的影响。

2. 执行性动因的决策因子

供应链碳成本的执行性动因主要对供应链碳成本的效率（即供应链交易成本）产生影响，如强大的员工凝聚力、TQM 意识能够激发碳成本一线操控人员的责任心，排除、降低人为碳成本，而供应链成员间的密切联系程度则决定了供应链界面优化效率，充分的信息沟通可以使得成员间避免不必要的等待、延迟造成的资源浪费，生产能力的利用程度动因则可以更加直接地为避免低碳设备与技术等资源的浪费做出预测和规划，自主决策程度则决定了各供应链成员在协同控制碳排放时的主导与被动情势。

综上所述，供应链宏观维度碳成本决策因子包括 S_{15} 技术动因（如低碳投资成本）、S_{16} 地理位置动因（如碳税税率）、S_{17} 生产能力利用程度等。

第三节　供应链宏观维度碳成本决策

经过上述对供应链碳成本决策因子的提炼与分析，供应链核心企业可依据自身战略层面对碳成本的控制能力确定供应链宏观维度碳成本，从宏观层面对供应链碳成本做出规划，同时也是对自身碳排放控制能力的预测。预则立，不预则废，本书认为，做好宏观维度的碳成本（即可接受碳成本）预测，能够为以后碳成本差异的形成与消除提供逻辑起点。

一、供应链可接受碳成本的确定

通过上述供应链碳成本的战略性动因分析可知，供应链碳成本中大部分组成要素已经在供应链碳成本宏观层面的战略决策中确定。在此，供应链可接受碳成本是指根据供应链所拥有的低碳资源估算出的对生产经营碳排放量的控制能力，其中"可接受"是针对目标产品的碳排放而言，反映了供应链承受目标产品碳排放量的能力极限，本书称之为"生产能力最小值"。

根据上述提取的决策主因子，参考安崇义（2012）修正的减排成本公式[①]，本书认为供应链可接受碳成本可如下所示：

$$TCC_0 = \text{Annual Investment Cost} + \text{Running cost} + \text{Tax Cost} + \ell$$

式中，TCC_0 是企业减排总成本；Annual Investment Cost 是供应链年投资成本，即企业低碳设备及技术在当期应计提的摊销额，等于低碳设备数量×单位低碳设备及技术的原始价值 OrigV/摊销年限 n。本书认为，低碳设备投资水平是决定供应链碳排放控制能力的基本要素，因此是确定供应链碳成本时首先需要考虑的项目。

Running Cost 运营成本是指为保证新低碳设备的正常运行而发生的成本，主要包括减排后的能源成本及维护操作成本等，等于低碳设备数量×单位低碳设备运行成本。

Tax Cost 碳税成本，即按政府规定依据当期碳排放量应缴纳的税金，等于当期碳排放量×碳税税率，即 $\sum \ell_i^m \times Q_i^m$，$\ell_i^m$ 是 i 企业需要承担的温室气体 m 的税率，Q_i^m 是 i 企业温室气体 m 的总排放量，该成本项目大小取决于供应链产销量 S_{11} 所对应的碳排放量及碳税税率 S_{17}。

需要说明的是，由于宏观维度的碳成本是根据供应链目前所拥有的碳排放控制能力，按照预计产销量所估计的碳成本，并未考虑政府初始分配的碳权限额，因此公式中不包括碳超标罚款、碳权成本等项目，或者说该公式所描述的碳成本只反映碳成本的核心要素。

[①] 该模型参照的是安崇义（2012）以日本国立环境研究所开发的 AIM-Enduse 模型为原型修正后的公式。

二、供应链可接受碳成本的评估与决策

供应链通过战略性动因分析确定的可接受碳成本，反映的是供应链在已有碳排放控制能力范围之内，按照最佳产销量生产经营预计产生的碳成本，即可接受碳成本。那么，该碳成本是否能覆盖目标客户的碳排放需求？存在多大差距？供应链该如何做好碳成本宏观维度的控制与决策？本书认为，在展开微观维度碳成本讨论之前，有必要首先对供应链边际碳成本水平进行自我评估，然后在此基础上做出宏观维度的碳成本决策，为微观维度碳成本管理奠定基础。

1. 供应链边际碳成本的确定

供应链在做战略性动因分析后所预计的可接受碳成本，反映了供应链拥有的碳排放控制能力，该能力的高低决定了供应链是自行减排抑或外购碳权，从而进行宏观层面的碳成本决策。供应链可接受碳成本是绝对值指标，不便于与碳权市场价格进行对比分析，因此本书将供应链可接受碳成本公式两边求一阶偏导，得到供应链边际碳成本，如下：

$$MC_i = \frac{\partial (\text{Annual Investment Cost} + \text{TaxCost} + \text{Running Cost})}{\partial Q_i^m}$$

供应链边际碳成本是在供应链一定碳成本控制能力水平下，增加或减少一个单位的碳排放量所引起碳成本总额的变动。根据边际成本特点推理可知，碳排放量未达到一定限度时，供应链边际碳成本随碳排放量的扩大而递减；当碳排放量超过一定限度时，总固定碳成本会递增，边际碳成本随碳排放量的扩大而递增。由此可见，影响边际成本的重要因素是产量超过一定限度（生产能力）后的不断扩大所导致的总固定费用的阶段性增加。

2. 供应链可接受碳成本的评估决策

供应链碳成本水平的高低可通过与碳排放交易市场价格的对比进行评估。为具有可比性，本书以边际碳排放权交易价格与供应链边际碳成本进行比较：

设 MC_i 是供应链边际碳成本，MC 是边际碳排放权交易价格（即边际

碳权成本），则根据前述可接受碳成本公式可得：

$$MC_i = \frac{\partial(\text{Annuual Investment Cost} + \text{TaxCost} + \text{Running Cost})}{\partial Q_i^m}$$

$$MC = \frac{\partial \text{Secruity Return}}{\partial \sum q_i}$$

当 $MC_i < MC$，即：

$$\frac{\partial(\text{Annual Investment Cost} + \text{TaxCost} + \text{Running Cost})}{\partial Q_i^m} < \frac{\partial \text{Secruit Return}}{\sum q_i^m}$$

时，供应链自行减排成本高于碳价，自行减排不划算，此时选择外购碳权；当 $MC_i > MC$，即：

$$\frac{\partial(\text{Annual Investment Cost} + \text{TaxCost} + \text{Running Cost})}{\partial Q_i^m} > \frac{\partial \text{Secruit Return}}{\sum q_i^m}$$

时，供应链自行减排成本低于碳价，自行减排有利可图，此时选择自行减排。

根据目前碳交易的三种机制，上述两种决策具体又可分为以下四种情况：

（1）更换净化设施与外购碳权决策。

$$M_{l,p \to p_1,i} = \left\{ 0, \left| \frac{\frac{\partial(\text{Annual Investment Cost} + \text{TaxCost})}{\partial M_{l,p \to p_1,i}}}{\frac{\partial Q_i^m}{\partial M_{l,p \to p_1,i}}} \right| > \left| \frac{\partial \text{Security Return}}{\partial \sum q_{i,m}^\lambda} \right| \right.$$
$$\left. \text{SupM}_{l,p \to p_1,i}, \text{ Otherwise} \right.$$

该模型描述的是供应链更换现有设备的净化设备与外购方案间的决策。模型中，更换成本包括年投资成本与碳税成本之和，运营成本不变所以不必考虑，若边际更换净化设备成本大于边际碳权价格，则意味着更换设备无利可图，应选择外购碳权，否则选择更换净化设备。

（2）购置设备与外购碳权决策。

$$M_{l,p \to p_1,i} = \begin{cases} 0, & \left| \dfrac{\dfrac{\partial(\text{Annual Investment Cost} + \text{Running Cost} + \text{TaxCost})}{\partial M_{l,p \to p_1,i}}}{\dfrac{\partial Q_i^m}{\partial M_{l,p \to p_1,i}}} \right| > \left| \dfrac{\partial \text{Security Return}}{\partial \sum q_{i,m}^\lambda} \right| \\ \text{SupM}_{l,p \to p_1,i}, & \text{Otherwise} \end{cases}$$

该模型描述的是购买低碳设备与外购碳权方案间的决策问题，由于新设备需要新技术操作，故比模型1多了运营成本，即碳成本由年投资成本、运营成本及碳税构成，若边际购置新设备成本大于边际碳权价格，则意味着购置新设备不经济，应选择外购碳权，否则选择购置新设备。

（3）CDM 项目更换净化设施与外购碳权决策。

$$M_{l',p' \to p_1,i'} = \begin{cases} 0, & \left| \dfrac{\dfrac{\partial(\text{Annual Investment Cost})}{\partial M_{l',p' \to p_1,i'}}}{\dfrac{\partial Q_{i\ \text{CDM}}^m}{\partial M_{l',p' \to p_1,i'}}} \right| > \left| \dfrac{\partial \text{Security Return}}{\partial \sum q_{i,m}^\lambda} \right| \\ \text{SupM}_{l',p' \to p,i'}, & \text{Otherwise} \end{cases}$$

该模型描述的是通过 CDM 项目为被援助国家的企业更换净化设备方案与外购碳权方案间的决策问题，由于投资更换的净化设备不在供应链所在国，碳排放行为发生在受援助国家，因此碳成本中不涉及碳税成本及运营成本。当边际 CDM 更换净化设备成本大于边际碳权价格，意味着 CDM 更换净化设备成本不经济，应选择外购碳权，否则选择 CDM 更换净化设备。

（4）CDM 项目投入新设备与外购碳权决策。

$$M_{l' \to l_1,p',i'} = \begin{cases} 0, & \left| \dfrac{\dfrac{\partial(\text{Annual Investment Cost})}{\partial M_{l' \to l_1,p_1,i'}}}{\dfrac{\partial Q_{i\ \text{CDM}}^m}{\partial M_{l' \to l_1,p',i'}}} \right| > \left| \dfrac{\partial \text{Security Return}}{\partial \sum q_{i,m}^\lambda} \right| \\ \text{SupM}_{l',p' \to p,i'}, & \text{Otherwise} \end{cases}$$

该模型描述的是通过 CDM 项目为被援助国家的企业购买低碳设备方案与外购碳权方案间的决策问题，由于本项投资的设备不在供应链所在国，碳排放行为发生在受援助国家，因此碳成本中不涉及碳税成本及运营成本。当边际 CDM 新设备成本大于边际碳权价格，则意味着 CDM 更换净化设备成本不经济，应选择外购碳权，否则选择 CDM 购置新设备。

需要说明的是，由于本书前文所阐述的原因，可接受碳排放量是可接受碳成本的计量基础，为方便起见，本书随后各章节的讨论将直接以可接受碳排放量来代替可接受碳成本。

第四节　本章小结

本章主要从宏观维度对供应链碳成本的动因、决策因子及决策方法进行讨论。

在动因分析部分，主要分析了结构性动因、执行性动因对供应链碳成本的影响，认为供应链碳成本管理需通过控制各成本动因以保证目标碳成本最小化的最终实现。

在因子提炼部分，讨论了采用因子分析法对影响碳成本决策的宏观动因进行因子提炼的过程，认为对于不同供应链来说，影响碳成本及其决策的宏观成本动因各有偏颇，因此需根据供应链所处的不同软件、硬件环境选择影响力较大的成本动因作为碳成本决策的决策依据，从而有的放矢。

在可接受碳成本决策部分，讨论了如何根据宏观维度的碳成本决策因子确定供应链核心企业战略层面对碳成本的控制能力，从宏观层面对供应链碳成本做出规划，同时也对自身碳排放控制能力进行预测，认为做好宏观维度的碳成本（即可接受碳成本）预测，能够为随后碳成本差异的形成与消除提供逻辑起点。

第五章　供应链碳成本微观维度的管理

本章主要是从微观维度对供应链碳成本的动因、决策因子及决策方法进行评估及决策。本章内容分别从客户维度、供应商维度、产品设计维度及效率维度展开讨论，每个维度由四部分组成：一是供应链各维度"碳成本差异"的形成；二是供应链该维度碳成本的动因分析；三是通过因子分析法提炼各维度碳成本决策因子；四是根据各维度的碳成本决策因子讨论消除"供应链碳成本差异"的决策方法。

第一节　供应链客户维度碳成本管理

一、供应链客户维度碳成本"碳权差异"分析

众所周知，供应链只有将供应链产品的碳成本控制在客户所要求的目标之内才能满足客户需求，从而获利生存。然而政府部门为实现碳排放总量控制目标，其初始分配给供应链企业的碳排放权是有限的，供应链必须在此碳排放限度内生产经营，轻则受到碳排放超标罚款的惩罚，重则引发关停并转风险。因此，如何解决政府分配的碳排放限额（本书称之为"政府碳排放限额"）与供应链目标产品所需碳排放额度（本书称之为"目标

碳排放")之间存在的差异成为供应链碳成本管理的首要问题所在。由于该差异在供应链客户维度进行客户目标产品市场调查之后发现,并需在客户维度加以消除,本书将二者碳排放额度之差称为客户维度碳成本差异,简称为"碳权差异"。可见,"碳权差异"的消除成为客户维度碳成本的管理目标。

"碳权差异"该如何消除?

我们知道,碳排放权额度来自于政府碳排放权的初始分配,这一额度对供应链企业来说越多越好,供应链碳超标的可能性越小,碳成本越低。然而根据目前西方发达国家碳排放实施总量控制与交易机制的成功实践看,随着低碳经济的全球化发展,政府初始分配的碳排放权额度短期内保持不变或越来越少,因此,"政府碳权限额"对企业来说属于不可控变量,在供应链碳成本管理中无法改变。与此同时可以肯定的是,在市场经济调控下,供应链的目标碳排放量必须来自供应链的客户调查,供应链只有满足客户的目标排放需求才能赢得客户,在市场中求得生存。

因此,供应链必须消除"碳权差异",本书认为有两种途径可选:

(1)合理选择目标客户从而确定合理的目标碳排放量。对供应链来说,一旦选定目标客户后将无法更改,这决定了进行客户分类管理与决策成为供应链碳成本管理的首要措施。

(2)从碳排放权交易市场购买相应碳权。如果供应链各节点的减排空间很小、很难分解实现减排任务,也可通过碳交易市场购买所需的碳排放权以从事生产,这是碳排放权交易市场建立后,企业取得碳排放权的主要渠道。然而,外购碳权是有成本的,供应链能否承受外购碳权成本、是否符合成本效益原则是供应链客户维度碳成本管理中需要进一步决策才能决定的。

通过上述分析,本书认为客户维度碳成本管理可在客户维度碳成本动因分析的基础上,找出客户决策因子,进行客户分类管理决策与外购碳权决策,从而消除"碳权差异",控制供应链碳成本。

二、供应链客户维度碳成本动因分析

客户维度几乎不涉及生产经营活动，看似与产品碳成本无关，但客户维度的客户需求调查结果会影响供应链产品目标成本的大小，当然也会影响供应链目标碳成本的大小。因此，本书将客户维度作为供应链碳成本动因分析的起点，试图从客户需求出发，寻找供应链碳成本的作业性动因及碳成本降低的机会所在。

我们知道，供应链成本管理客户维度的研究内容，通常是在客户需求调查的基础上确定市场驱动成本，即根据市场价格减去供应链目标利润得到供应链目标成本。供应链目标成本既是整个供应链成本管理的终极目标，也是供应链成员协同努力的起点所在。

(一) 客户需求对供应链碳成本的影响

客户需求是供应链目标的起点，过高过低的客户需求需要或多或少的作业去实现和满足，相应的作业又必然以相应的资源消耗为前提，供应链碳成本管理也需要从客户需求调查入手，那么客户需求会引发怎样的供应链碳成本作业性动因？

1. 客户功能需求对供应链碳成本的影响

功能需求是供应链产品需要满足的第一项客户需求。

功能的繁简程度决定了供应链生产过程中资源消耗的多寡。随着低碳经济的加速发展，供应链管理者已经清晰地认识到，基础功能是满足客户需求的基本保证，为实现产品的基本功能，供应链在产品设计之初就必须保证其相应的含碳资源消耗（即低碳设备与技术）及其所对应的碳排放权（即碳排放指标）。附加功能则不然，多一项功能就意味着多一份或几份含碳资源消耗，也要多一份或几份碳排放权成本。过多的功能、多余的设计都会增加供应链流程的复杂性，而复杂性的加大必然会引起非增值活动的发生、资源的非增值性消耗以及碳排放量的无谓增加，并最终导致成本的增加。成本最终都会以售价的形式转嫁到客户身上，一方面，客户负担加大，需要相应地支付增量的价款；另一方面，成本的增加使得售价提高，也会在市场上失去竞争力。

可见，功能设计的繁简直接影响到供应链产品的碳资源消耗，进而影响供应链经营流程中的碳排放水平。供应链需要在低碳理念引导的前提下满足客户的各种功能需求，映射到产品设计流程上便意味着供应链要在设计环节根据客户需求，进一步降低功能的复杂性，并进而减少碳排放、降低碳成本。

2. 客户质量需求对供应链碳成本的影响

质量需求是供应链产品需要满足的第二项客户需求，可靠的质量能为供应链产品赢得可观的市场份额。衡量产品质量的指标有产品的可靠度、有效度，产品使用寿命（一次使用/多次使用）、产品的维护（包括技术支持、产品维修、产品升级情况），售后服务（退货、更换产品、投诉）及安全性（如噪音、振动、污染是否超过规定，是否有爆炸、漏电的可能性）等。

质量设计包括售前生产质量设计与售后服务质量设计，售前质量设计是指对产品生产过程中需要实现的产品本身质量的设计，售后服务质量则属于客户作业碳成本的讨论内容，在此暂不做讨论。

产品质量的高低与产品功能的多少具有异曲同工之处，客户对质量的要求也存在两种极端，这两种极端对供应链碳排放水平的控制具有很大的挑战性，可能会加大或降低碳成本。

过高的质量设计，比如产品使用寿命指针分为一次使用、多次使用，客户一般都会选择可多次使用的产品，因为支付一次价格可以获得多次使用的边际效用，这对客户来说相当于降低了成本，何乐不为呢？但是在消费主义盛行的今天，也不乏很多主张"浪费有理"的消费客户群，他们的消费理由只有"方便"二字，无视造成的惊心动魄的资源耗费，在购买产品或服务时往往更倾向于一次使用寿命的产品。这无疑是低碳经济发展中最需要努力克服、引导的一种客户消费心理。与此相反，同样是消费主义者，在选择产品时，往往也会更加注重追求过于奢华的感受，要求产品在满足基本质量需求（如可靠度、有效度等）的同时，拥有更为超级的质量保证，比如特殊质地的材料等，一切只为贪图享受和追求与众不同。无须赘言，过度的质量与过多的功能一样，可能需要新的低碳设备与技术投入生产才能满足，增量的新的含碳资源投入势必会无谓地增加供应链碳成本，而这样的质量，在客户使用过程中并未更多的增加客户使用价值，形成无谓的浪费，导致资源浪费、非增值活动增加、成本增加，进而减少了供应链产品的利润空间，这些都应尽可能避免。

过低的质量设计由于质量参数低，一方面在交付客户使用后，会带来许多售后维修或应对客户质量投诉纠纷的成本；另一方面也可能是现有低碳设备与技术等生产能力的利用不充分，同样造成不必要的浪费与开支。

因此，售前质量设计也会影响到供应链碳成本的大小，低碳化的质量需求对供应链成本管理流程的映射主要体现在产品设计环节的低碳化设计，供应链碳成本管理应避免多余的质量设计，以尽可能地减少碳排放及含碳资源浪费，降低碳成本。

3. 客户价格需求对供应链碳成本的影响

价格是直接向客户传递所购产品或服务的第一信息载体，也是供应链参与市场竞争的重要手段之一。让客户绝对满意的方法是以低价提供具有多特点的产品和服务。供应链企业应该为每一类客户制定怎样的折扣？对尊贵价、经济价的差异化管理应该设定怎样的幅度？价格效应不是本书所要讨论的主要内容，但低价格比高价格更具竞争力是毋庸置疑的事实。

低碳化的价格需求既要考虑客户对目标价格的接受能力，也要为供应链目标利润留有一定的实现空间。因此，低碳价格需求映射到供应链管理低碳优化流程上，既要关注价格的制定依据，也要关注成本的形成过程，需要多个环节共同努力才能实现低碳化。一是客户维度目标价格的制定，必须在与客户充分沟通的基础上进行；二是目标成本的分解与传递需要在供应商选择、产品设计、界面优化、流程优化等各个维度既要考虑成本的降低，也要考虑到碳排放的进一步减少。

因此，价格设计是一把双刃剑，合理的价格能在获得客户认可的同时，保证为供应链产品以留出适度的利润空间，二者之差为供应链产品的目标成本，这对供应链目标碳成本的确定来说是至关重要的影响因素。

总而言之，客户的三类需求分别引发了三种供应链碳成本的作业性成本动因，这三种动因虽然在客户维度并不能直接影响供应链产品碳成本的大小，但却为供应链低碳产品的设计（产品设计网络构建）与生产（供应商网络构建）提供了进行供应链碳成本分析的指导性思路，或者说对供应链产品生产的源头与过程提供了节能减排、降低碳成本的决策性参考；供应链成本管理的碳约束——目标碳成本（或目标碳排放量）的大小也需要通过客户维度的客户需求调查来决定，所以本书对客户需求与碳成本动因之间因果关系的分析，是下文各种作业性分析的理论基础。

（二）客户维度碳成本的动因分析

如前所述，客户需求决定了供应链碳成本会受到功能设计动因、质量设计动因和价格设计动因三种成本动因的影响。那么，这些动因如何影响供应链客户维度的碳成本？

在客户满意的前提下，通过分析成本动因以消除无效不增值的作业，从而减少作业所耗费的资源，降低耗用作业的产品或服务的成本，作业成本法不仅是会计工具，更是确定企业竞争优势和战略地位的战略工具。这种方法不仅可以用于产品，也可以用于客户。在此，本书将按照 Serring（2002）的理论，从作业成本法的视角，把供应链在客户成本区域发生的碳成本划分为客户直接碳成本、客户作业碳成本、客户交易碳成本，对供应链碳成本客户维度的作业性动因进一步展开讨论。

根据已有文献结合本书对客户碳成本的理解，客户维度相关作业对碳排放活动的映射总结如图 5-1 所示。

从图 5-1 可以看出，客户维度相关作业对碳排放活动的映射会形成以下三种碳成本的动因。

1. 客户维度直接碳成本的动因分析

直接碳成本是指供应链企业为客户提供的产品在其生产过程中发生的构成产品实体的碳费用，主要包括低碳设备与技术成本、生产中耗用的低碳资源成本。

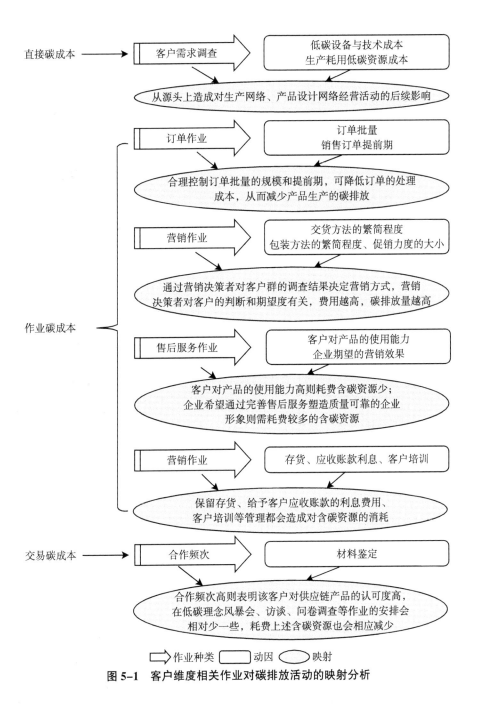

图 5-1　客户维度相关作业对碳排放活动的映射分析

该成本主要由低碳设备与技术价格、生产中耗用的低碳资源价格所决定，主要发生在生产过程中，看似与客户维度的碳成本无关，但无论产品功能还是质量设计都与客户需求调查的结果密切相关，而功能与质量设计则直接影响到整个供应链产品生产的方案与流程。在客户维度，虽然没有造成对供应链直接碳成本的影响，但其从源头上所造成的对生产网络、产品设计网络经营活动的后续影响是极易判断出来的。因此，本书在此所做的直接碳成本动因分析，虽然没有为供应链客户维度的直接碳成本找出明确的动因，但却为客户维度作业碳成本、客户维度交易碳成本以及供应链碳成本管理模型中后三个维度碳成本动因分析做了较为充分的理论铺垫。

2. 客户维度作业碳成本的动因分析

客户维度的作业碳成本取决于客户服务作业的碳排放量，客户服务作业方式的繁简程度决定了碳成本的高低。客户服务作业包括与订单相关的作业及服务于每一特定客户所需的营销、技术、销售和管理作业。因此，建立客户服务作业库，分析碳排放动因，是客户维度碳成本动因分析的关键。Handfield 和 Nichols 认为，供应链成本包括产品及相关的物资和信息管理以及供应链伙伴之间的关系管理两个方面。将成本管理拓展到整个供应链后，意味着成本不仅要分摊到产品，还要分摊到客户。传统的成本系统只能提供所有客户总的成本，无法提供生产领域之外的准确成本分析，而作业成本管理系统则不一样，它能够帮助企业更加准确地分摊客户关系方面的成本，能计算出获得和保留每位客户的成本，营销人员可据此确定不同客户群对企业价值的重要程度，并针对不同客户的消费行为、期望值等制定不同的销售服务策略。这种以客户为导向的成本信息使得企业能够寻找机会提高自己在供应链交易关系中的成本效益。

3. 客户维度交易碳成本的动因分析

客户维度交易成本是处理客户信息及沟通所产生的成本，也可以定义为设计、建立和控制契约关系所产生的成本。这些成本源自公司同客户的相互交流，不受某一家公司控制，而是受到所有供应链伙伴的影响，供应链伙伴必须考虑交易方面的投资规模才能实现各方交易碳成本的最小化。

建立良好的客户关系有利于供应链更好地掌握客户需求趋势，有效地管理和开发客户资源，加强与客户的合作共赢关系，获得市场竞争优势。

三、供应链客户维度碳成本决策因子分析

通过上述动因分析，采用统计分析软件 SPSS17.0 进行客户维度碳成本关键因子的提取（具体步骤同第四章第二节，因篇幅所限，此处略），可提取出如下主因子：

（一）沟通难易程度

能否与客户充分沟通，直接影响到客户对供应链产品价格的接受程度及产品低碳属性的理解和需求。在价格或低碳理念上容易沟通的客户，由于其对供应链产品的低碳发展理念能够充分认可，在低碳经济成为主流发展方向的未来市场上，这些客户将成为供应链潜在的客户；相反，那些在价格或低碳理念上难以沟通的客户，则很可能会成为供应链未来低碳经济发展中极具挑战性的可选项。因此，供应链在进行客户决策时，需将客户的沟通难易程度作为重要的决策因子。

（二）作业复杂性

不同的客户所需要提供的服务可能不同，供应链应该满足客户的需求，需要在价格、作业复杂程度、碳排放量之间权衡。如前所述，过于繁杂的客户服务必然消耗供应链过多的资源，导致高碳排放，相反则节约资源，得以实现供应链的低碳化目标。可见，在供应链进行客户决策时，客户服务作业的复杂性可以作为重点考察的决策因子。

四、供应链客户维度碳成本控制——"碳权差异"的消除

基于上述碳权差异、碳成本动因及决策因子的分析，本书认为供应链客户维度碳成本的控制可通过以下两种途径消除碳权差异，实现碳成本最小化。

（一）基于作业成本法的客户分类与决策

低碳化的客户分类可以使供应链碳成本管理从源头寻找到降低碳成本

的机会，从而消除"碳权差异"，制定出更加合理的客户管理决策。

在低碳经济发展模式下，客户碳成本是需要供应链企业重点考察的隐性成本，但我们通过前述的动因分析，讨论了碳成本的成本驱动，发现客户的过度需求（如过多的功能需求、过高的质量需求等）与其碳成本之间存在相关性。本书认为，作业成本法下的客户碳成本可作为客户盈利性的判断标准，对供应链客户进行取舍，争取或保留低碳成本客户，放弃高碳成本客户，从而实现供应链碳成本最小化、利润最大化的整体目标。

1. 客户的低碳化分类

根据上述对客户需求及其碳成本动因的分析，可将当前世界消费模式中的消费群体划分为以下两种碳消费群体：

（1）高碳型客户群。高碳型客户群是指所消费产品具有明显高碳特征的客户。所谓高碳产品，是指从产品生产、运输、消费、回收或废弃等整个生命周期所确定的碳足迹超出行业标准的产品。

高碳型消费客户对产品（或服务）在整个产品的生命周期内累计产生的碳排放及碳足迹、低碳认证标识等方面几乎不做关注，只关注功能、质量是否符合其价值属性。这类客户的需求，就短期来看相对容易满足，由于短期内无须进行低碳设备、低碳技术的投入就可以生产或提供，因而仅传统成本来看，显示出低成本、高盈利的态势，在市场上似乎具有一定竞争力。但随着能源价格的逐渐攀升，其原材料成本的提高将成为必然趋势，而随着经济环境对碳排放的要求逐渐增高，此类产品（或服务）的高碳性必然带来治理成本、环境成本、违规成本的增加，隐含损失逐渐显现出来，最终导致为这种客户付出的努力将付之一炬。

（2）低碳型客户群。低碳型客户群是指所消费产品具有明显低碳特征的客户。所谓低碳产品，是指从产品生产、运输、消费、回收或废弃等整个生命周期所确定的碳足迹符合行业标准的产品。

低碳型客户偏爱购买低碳产品，他们对产品（或服务）在整个产品的生命周期内累计产生的碳排放即碳足迹、低碳认证标识等方面十分关注，对同样质量、功能的产品（或服务），更愿意选择低碳化的产品（或服务）。这类客户对人类生存环境的改善有一种强烈责任感，愿意承担部分企业低碳转型的成本，是实现供应链成本管理低碳化战略的强大后盾。从短期来看，为满足这类客户的需求，供应链企业需要投入大量低碳设备、低碳技术进行低碳化经营，成本呈现出较高的态势，在当前市场上似乎处于竞争弱势。但从长期来看，随着低碳投资成本的减少及在碳排放治理成本、惩罚成本方面的低付出，这类客户的隐含利润将彰显无疑。

通过上述分析，不难发现高碳、低碳购买者具有类似的价值观点属性，如质量、交货时间、交货方式、客户服务等，只是除此之外，高碳购买者比低碳购买者更关注价格、功能，低碳购买者更关注产品或服务的碳足迹。

根据上述对客户需求的分类，以及基于作业成本法的客户成本分析，供应链低碳化客户的分类具有如表5-1所示的成本特征：

表5-1　客户群特征比较

高碳型客户			低碳型客户		
需求	成本	碳排放	需求	成本	碳排放
购买定做产品	特殊的设计与生产工艺，能耗高，碳成本高	高	购买标准产品	标准的设计与工艺，规模生产，碳成本低	低
小批量订货	单位批次准备碳成本高	高	大批量订货	单位批次准备碳成本低	低
不能按预期的订单要求	超预算生产，碳成本不可控	高	可预期的订单要求	预算内生产，碳成本可控	低
特殊交货方式	无规模效应，特殊交货碳成本高	高	普通交货方式	规模效应显著，平均交货碳成本低	低
交货要求有变化	中途改变交货计划引发额外碳成本	高	交货要求无变化	无额外碳成本	低
手工加工	不能形成规模效应，碳成本高	高	机器加工	可形成规模效应，碳成本低	低
大量的售前准备（营销、技术和销售资源）	售前服务碳成本高	高	很少的售前准备（普通价格和订货）	售前服务碳成本低	低
大量的售后服务（安装、培训、保证、现场服务）	售后服务碳成本高	高	无售后服务	售后服务碳成本为零	低

高碳型客户			低碳型客户		
需求	成本	碳排放	需求	成本	碳排放
需要公司保留存货	预存货物占用资金成本高	高	随生产补充	预存货物占用资金成本低	低
付款缓慢（应收账款高）	资金周转慢，长期被侵占，机会成本高	高	及时付款	资金周转快，无机会成本	低

从表 5-1 中看出，高成本客户由于特殊的服务要求引发较高的碳排放。对于这类客户，供应链下游企业应尽可能详尽地核算其服务成本与碳排放，以便能够更为准确的计算其客户的低碳化盈利性，为客户管理决策提供准确的依据。

2. 客户的低碳化决策

基于上述客户群的不同特征，供应链可以将上述两类客户按照盈利性进一步细分为四类，针对这四类客户的综合特征，采用不同的客户分类管理策略，从而最大化供应链利润。

与传统成本法相比，作业成本法下供应链管理者可以对客户成本进行更加全面的识别与分配。传统的成本系统只能提供所有客户总的成本，无法提供生产领域之外的准确成本分析。作业成本管理系统则不一样，一方面，它能够在分解作业、分析作业动因的基础上，对客户作业进行筛选，剔除高碳作业，识别高碳客户，帮助企业更加准确地分摊客户关系方面的成本，能计算出获得和保留每位客户的成本，进而提出供应链客户的低碳化分类方案；另一方面，营销人员可据此确定不同客户群对企业的价值重要程度，并针对不同客户的消费行为、期望值等制定不同的销售服务策略，这种以客户为导向的成本信息使得企业能够寻找机会来提高自己在供应链交易关系中的成本效率。

当供应链对客户碳成本实行作业成本法时，不同类型的客户碳成本的差异如图 5-2 所示。

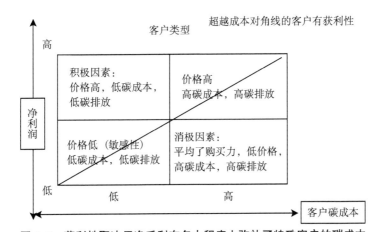

超越成本对角线的客户有获利性

客户类型

图 5-2 获利性取决于净毛利在多大程度上弥补了特殊客户的碳成本

资料来源：罗伯特·S.卡普兰等.高级管理会计 [M].吕长江译.北京：人民大学出版社，1999.

图 5-2 表明，采用作业成本法可以区分不同客户的碳成本，进而可将客户区分为高碳成本客户和低碳成本客户，并计算出客户低碳化盈利或亏损的信息，通过采取不同的措施获得低碳化盈利客户。据此，供应链针对图 5-2 的四类客户采取不同的客户策略，实现低碳利润最大化的目标。

（1）高价低碳型。高价低碳型客户位于左上角区域，属于高盈利客户。他们容易沟通，大量购买，保持忠诚，对价格不敏感，行为有规则，很少要求特别服务，无须过多交易成本，只消耗较少的资源就能给供应链带来高利润和大量的现金流。他们愿意支付较高的价格并无其他特殊要求，碳成本较低，因此获利性最高，这些客户很容易受到竞争者的抢夺，企业应该主动向这些客户提供适度的折扣和激励或者特殊的服务，以获得这些客户对公司产品的忠诚。当然，与此同时也应努力从竞争者手里争夺此类高盈利客户。

（2）低价低碳型。这类客户位于左下角区域，是一些低盈利的客户，他们对价格十分敏感，只愿意支付较低价格，他们的购买量不多，对企业资源的要求也少，几乎不需要维持成本。这些客户虽然不能成为供应链的关键性客户，但供应链通常也不应放弃他们，因为他们至少具有一定的低碳消费意识，能与供应链很好地合作，碳成本较低，仍然具有盈利性。对这些价格高度敏感的客户可适当采用折扣政策来增加吸引力。

（3）高价高碳型。这类客户位于右上角区域，愿意支付的价格也很高，但他们会有一些额外的要求和服务，从而耗用供应链较多的资源，使得碳成本也高。不过由于购买数量大，支付价格高，资源的较多耗用可以抵消，因此对供应链来说仍然是盈利性客户，能够带来较多的现金流。对于这种高价高碳型客户，供应链企业可以通过提供一些个性化服务或质量，从而赢得客户的忠诚，同时尤其要关注这些客户低碳化需求的变化，以碳成本为基础对高昂的服务进行定价，结合企业低碳竞争战略决定是否随时响应这些变化或放弃这部分客户。

（4）低价高碳型。这类客户位于右下角区域，是最具挑战性的客户，他们喜欢讨价还价，压低价格，同时会提出许多个性化的服务进而引发较高的碳排放。公司可以把作业清单中由客户的订单造成的那些不确定性过大、不标准的交货要求等造成的成本信息提供给客户，揭示其特殊需求行为所带来的成本，然后鼓励他们与公司协作，改变那些昂贵的需求。通过供应链企业与客户之间的沟通与协调，促使服务成本降低，从而使得这些客户的盈利性能够向图左侧移动。一旦客户不能或不愿改变其购买和交货标准，也可以通过定价政策，如降低折扣率或对个性化服务提高附加费用，以实现双赢。

（二）基于目标成本法的供应链外购碳权决策

如前所述，外购碳权是消除"碳权差异"的第二种途径，但同时也会增加供应链碳成本。因此，是否应该外购碳权及外购碳权数量的确定都需要通过供应链外购碳权决策加以判断。

1. 供应链目标碳成本的计量基础——目标碳排放量

目标成本管理是企业成本管理的核心，也是确定供应链目标碳成本的工具。目标碳排放量是指在客户意愿调查、市场竞争对手调查的基础上，依据产品或服务的目标成本，由市场驱动成本管理法倒推而来，即通过市场调查确定的目标售价减去供应链期望的目标利润，得到目标总成本，因付出目标总成本所引发的碳排放量即为目标碳排放量，由这些碳排放行为引发的成本即为目标碳成本。由于该排放量来自于市场调研，因此本书简称为"市场最大值"。此指标越大，对供应链来说越容易实现，但还要受到政府分配碳排放限额的限制，或需要供应链额外付出成本购买碳排放权才能满足该指标。

根据目标成本法的原理可知，供应链管理首先要通过客户需求调查，确定具有一定市场竞争力的目标售价，然后按照市场驱动成本管理的方法，将供应链目标利润从目标售价中减去之后，便会得到整个供应链需共同为之努力的目标成本，这一目标成本成为整个供应链产品生产资源耗费的上限，即成本约束。

在低碳经济发展模式下，供应链碳成本管理需对目标成本法做出适当的拓展，需要在制定目标售价与目标成本的同时，换算出对应的碳排放量，进而推算出这样的碳排放量需要付出怎样的碳成本。同理，这一目标碳成本及其所对应的目标碳排放量成为整个供应链产品生产含碳资源耗费、碳排放量的上限，即碳成本约束、碳排放约束，简称碳约束。碳约束的存在意味着，供应链条上的一切经营活动都必须围绕着碳约束进行，目标碳成本及其碳排放量需要在供应链的每个节点间进行分配，每个链接点都必须将所在节点的碳成本及其碳排放量控制在分配的限额之内，如此才能最终共同完成供应链碳成本的终极目标。

2. 供应链产品层目标碳成本模型的构建

根据目前国际上采用较多的边际减排成本理论，本书认为可通过边际碳成本与社会平均减排成本的比较做出外购碳权决策，因此在做出碳权决策之前，供应链需要根据客户维度的目标碳排放量事先确定目标碳成本。

目前，关于碳成本决策模型的研究不是很多，安崇义（2012）对日本国立环境研究所开发的 AIM-Enduse 模型进行了补充和完善，将影响减排成本的因素进行了更加详细的分解。本书根据研究目的，在成本模型中加入了供应链成员间的交易成本，模型如下所示：

Min（Total Cost）= Annual Investment Cost + Running Cost + Transaction Cost + Tax Cost − Security Return − Return of Energy Performance Contracting +

Fine Cost

式中：Total Cost 表示供应链总碳成本；Annual Investment Cost 表示年投资成本；Running Cost 表示运营成本；Tax Cost 表示碳税成本；Security Return 表示放权卖出所得（该值为负则代表买入）；Return of Energy Performance Contracting 表示合同能源管理项目实行所得；Fine Cost 表示超排罚金成本；Transaction Cost 表示供应链碳交易成本。

（1）年投资成本。

$$\text{Annual Investment Cost} = \sum_j \sum_{(1,p) \in W_j} \left(C^0_{1,p} \, rl_{,p,i} + \sum_{p_1} C^x_{1,p \to p_1} C^x_{1 \to l_1 p} M_{1,P \to p_1,i} + \sum_{11} C^x_{1 \to l_1 p} M_{1 \to l_1 p,i} \right) + \sum_i \sum_j \sum_{l^*,p^*) \in W^*_j} \left(\sum_{p_1} M_{l^*,P^* \to p_1,i^*} + \sum_{11} C^x_{l^* \to l_1 p,} M_{l^* \to l_1 p^*,i^*} \right)$$

式中：i 表示企业；i* 表示由企业 i 提供技术及资金进行设备改造的企业；j 表示企业 i 的服务类别；j* 表示企业 i* 的服务类别；l 表示企业 i 的生产设备；l* 表示企业 i* 的生产设备；p 表示企业 i 的废气净化装置；p* 表示企业 i* 的废气净化装置；$C^0_{1,p}$ 表示配备了 p 净化装置的设备 l 的年投资额；M_{c,p^*} 表示企业中配备了 p 净化装置的设备 l 的总量；$C^x_{1,p \to p_1}$ 表示将设备 l 中的 p 净化装置更新为 p_1 所需的成本；$C^x_{1 \to l_1 p}$ 表示将配备净化装置 p 的设备 l 更新为 l_1 所需的成本；$M_{1,P \to p_1,i}$ 表示将设备 l 中的 p 净化装置更新为 p_1 的总量；$M_{1 \to l_1 p,i}$ 表示将配备净化装置 p 的设备 l 更新为 l_1 的总量。

更新改造的投资成本是指按低碳设备或净化装置的平均使用寿命将总取得成本分摊到各年的年投资成本，这是企业实施低碳战略的主要成本，也是很多企业裹足不前的最大障碍之一。但由于现在企业获得碳权的方式较多，如购买碳权、通过 CDM 项目获得碳权等，在低碳经济快速发展的今天，企业是否会选择更新改造也需要在多种方案中抉择，因此该项成本也构成碳成本的可选项之一。

（2）运营成本。运营成本（即新增设备的维护操作成本）是指企业一旦选择更新改造设备方案，尤其是购置新设备，随之而来的便是低碳设备的操作运营成本，如人工成本、维修维护成本等，这项成本与更新改造成本同步发生，在碳成本决策中二者需统筹考虑。即：

Running Cost = $\sum_{(1,p) \in W_j} ((g_{1,P,i}^0 + \sum_k g_{k,i}(1 - \xi_{k,1,i})E_{k,1,P,i})X_{1,P,i})$

式中：$g_{1,P,i}^0$ 表示配备 p 净化装置的设备 l 的年运营成本；$g_{k,i}$ 表示企业购入能源 k 的价格；$\xi_{k,1,i}$ 表示通过提高运作效率所节省的能源；$E_{k,1,P,i}$ 表示配备 p 净化装置的设备 l 提供单位产出所需消耗的能源 k；$X_{1,P,i}$ 表示企业中配备 p 净化装置的设备 l 的总产出。

（3）碳税成本。碳税成本是指按政府规定，依据当期碳排放量应缴纳的税金，等于当期碳排放量×碳税税率，即：

Tax Cost = $\sum_m \xi_m^i \times Q_m^i$

式中：ξ_m^i 表示企业需要承担的温室气体 m 的税率；Q_m^i 表示企业温室气体 m 的总排放量。

（4）碳交易成本。

Transaction Cost = $S_{k,i} \times Q_m^i$

式中，$S_{k,i}$ 为供应链成员间就碳排放协同进行沟通的单位成本。

供应链成本管理之所以成为现今成本管理的主流理论，是因为其强调了价值链上下游之间协同合作、共同降低成本获取利润的重要性。在低碳经济迅猛发展的今天，供应链成员之间的合作互补也成为降低碳排放量的重要途径。因此，供应链成员之间针对供应链碳排放量的整体控制（如碳税区域选择、供应商网络构建等）方面需达成合作协议，供应商选择、谈判及核心企业对合作伙伴碳盘查等成本即为供应链碳交易成本。

（5）碳权出售收入。

Security Return = $\sum_m \sum_\lambda (C_m^\lambda q_{i,m}^\lambda)$

式中，Security Return 表示碳排放权卖出所得；C_m^λ 表示温室气体 m 的排放权在时间段 λ 的成交价格；$q_{i,m}^\lambda$ 表示企业在时间段 λ 购入的温室气体 m 的排放权总量。

（6）超排罚金。超排罚金即企业因年碳排放量高于政府规定的年碳排放限度而应承担的超标罚款，等于年碳排放量与年碳排放限额之差乘以罚款比例。

$$\text{Fine Cost} = \sum_m (Q_m^i - \sum_\lambda q_{i,m}^\lambda - Q_{m,CDM}^i - \hat{Q}_i^m) F_m$$

$$Q_m^i = \sum_j \sum_{(l,p) \in Wj} (X_{l,p,i}^m e_{l,p,i}^m)$$

$$e_{l,p,i}^m = (f_{0,l}^m + \sum_k f_{k,l}^m (1 - \xi_{k,l,i}) E_{k,l,p,i} U_{k,l}) d_{l,p,i}^m$$

式中，$Q_{m,CDM}^i$ 表示企业通过 CDM 项目投资所得的温室气体 m 的排放权 (CERs)；$\hat{Q}_i^m$ 表示企业温室气体 m 的初始排放额度；F_m 表示超标排放单位温室气体 m 所需承担的罚款；$f_{0,l}^m$ 表示设备 l 除了燃烧燃料外单位产出所排放的温室气体 m；$f_{k,l}^m$ 表示设备 l 燃烧燃料 k 所排放的温室气体 m；$U_{k,l}$ 表示设备 l 对于燃料 k 的燃烧率；$d_{l,p,i}^m$ 表示企业配备 p 净化装置的设备 l 温室气体 m 的排放率。

3. 供应链碳成本的外购碳权决策

进行供应链低碳设备外购或更新改造的决策，其实质在于企业自身减排能力的对比决策。根据前述构建的供应链碳成本模型可知，供应链低碳设备投资成本包括年投资成本、年运营成本两部分，供应链是否应该更新设备，取决于更新改造的边际碳成本是否大于碳排放交易市场的边际碳价。

由于目前实施低碳更新改造主要有购买新设备、更换旧设备的净化设施两种措施，而这两种措施又可分为自行更新改造和 CDM 两类，所以本书在前述模型的基础上，对供应链低碳设备投资成本决策进行了进一步的推演：

（1）子模型 $M_{l,p \to p_l,i}$：更换净化设备数量决策。

$$M_{l,p \to p_l,i} = \begin{cases} 0, & \left| \dfrac{\dfrac{\partial(\text{AnuInvCost} + \text{TaxCost} + \text{Transaction Cost})}{\partial M_{l,p \to p_l,i}}}{\dfrac{\partial Q_i^m}{\partial M_{l,p \to p_l,i}}} \right| > \left| \dfrac{\partial \text{SecReturn}}{\partial \sum_\lambda q_{i,m}^\lambda} \right| \\ \text{SupM}_{l,p \to p_l,i}, & \text{Otherwise} \end{cases}$$

更换净化设备会降低碳排放量，进而减少碳税成本，因此在子模型 $M_{l,p \to p_l,i}$ 中，碳成本着重考察更换净化设备对年投资成本、碳成本的影响。

从子模型 $M_{1,p \to p_i, i}$ 可知，对（年投资成本＋碳税成本）、碳排放量、出售碳权收入分别求偏导，可得到每更换一台设备所引起的年投资成本及碳税成本之和的变化、每更换一台设备所引起的碳排放的变化、每购入一个单位的碳权所引起的碳权机会成本的变化（即碳排放交易市场边际碳价，简称为"边际碳权成本"），前二者相比即为供应链将原有设备更换净化设备所引起的边际碳成本（简称为供应链"边际净化装置成本"），如果"边际净化装置成本"大于"边际碳权成本"，则基于供应链趋利性原则，供应链必然会选择到市场购买碳排放权，放弃更新改造净化设备的方案。反之，则会选择更新改造净化设备。

（2）子模型 $M_{1 \to l_i, p, i}$：更换全新低碳设备决策。

$$M_{1 \to l_i, p, i} = \begin{cases} 0, & \dfrac{\dfrac{\partial(Annual - Investment - Cost + Running - Cost + Transaction\ Cost + TaxCost)}{\partial M_{1 \to l, p, i}}}{\dfrac{\partial Q_i^m}{\partial M_{1 \to l, p, i}}} > \\ SupM_{1 \to l, p, i}, & Otherwise \end{cases} \left| \dfrac{\partial Security - Return}{\partial \sum_\lambda q_{i,m}^\lambda} \right|$$

子模型 $M_{1 \to l_i, p, i}$ 描述的是更换全新的低碳设备决策。对于供应链企业来说，更换全新低碳设备意味着供应链不但需付出低碳设备本身的价款，还需每年支付一定的运营成本以保证低碳设备能够正常运行，因此，该模型除子模型 $M_{1 \to l_i, p, i}$ 原有的年投资成本、碳税成本外，在决策因子中增加了年运营成本，即该模型对（年投资成本＋年运营成本＋碳税成本）、碳排放量、碳权市场价格分别求偏导，得到了每更换一台设备所引起的"年投资成本＋年运营成本＋碳税成本"之和的变化、每更换一台设备所引起的碳排放的变化、每购入一个单位的碳权所引起的碳权机会成本的变化（即碳排放交易市场边际碳价，简称为"边际碳权成本"），前二者相比即为供应链购买全新低碳设备所引起的边际碳成本（简称为供应链"边际低碳设备更新成本"），如果"边际低碳设备更新成本"大于"边际碳权成本"，则基于供应链趋利性原则，供应链必然会选择到市场购买碳排放权，放弃更换全新设备的方案。反之，则会选择更换全新设备。

（3）子模型 $M_{l^*,p^* \to p_1,i}$：CDM 项目更换净化设备投资成本决策。

$$M_{l^*,p^* \to p_1,i^*} = \begin{cases} 0, & \left| \dfrac{\dfrac{\partial(\text{Annual Investment Cost} + \text{Transaction Cost})}{\partial M_{l^*,p^* \to p_1,i}}}{\dfrac{\partial Q^m_{i\_CDM}}{\partial M_{l^*,p^* \to p_1,i}}} \right| > \\ \text{SupM}_{l^*,p^* \to p,i^*}, & \text{Otherwise} \end{cases}$$

$$\left| \dfrac{\partial \text{Security} - \text{Return}}{\partial \sum_\lambda q^\lambda_{i,m}} \right|$$

子模型 $M_{l^*,p^* \to p_1,i}$ 描述的是供应链企业通过 CDM 项目获得碳权所付出碳成本决策的情形。依据《京都议定书》"清洁发展机制"（CDM）：附件 B 国家的企业可以通过帮助非附件 B 国家减排抵消自身碳排放，从而实现自身减排义务，因此供应链企业在进行减排决策时会面临 CDM 方案与外购碳权方案的选择。当供应链实行 CDM 项目时，往往需要为非附件 B 国家无偿投资低碳设备以协助其降低碳排放，但该低碳设备的后续支出则由被协助企业承担，因此，该模型在碳成本中只对年投资成本求偏导，从而可以得出通过 CDM 项目，每为被协助企业的原有设备无偿更换一台净化设备所引起碳成本的变化、换得的碳排放量变化、每购入一个单位的碳权所引起的碳权机会成本的变化（即碳排放交易市场边际碳价，简称为"边际碳权成本"），前二者相比即为"边际 CDM 净化装置成本"，如果"边际 CDM 净化装置成本"大于"边际碳权成本"，则供应链企业会选择通过 CDM 项目获得碳权或抵消自身减排义务，反之则选择从碳排放交易市场上外购碳权。

（4）子模型 $M_{l^* \to l_1,p^*,i}$：CDM 项目更换全新低碳设备投资成本决策。

$$M_{l^* \to l_1,p^*,i^*} = \begin{cases} 0, & \left| \dfrac{\dfrac{\partial(\text{Annual Investment Cost} + \text{Transaction Cost})}{\partial M_{l^* \to l_1,p_1,i}}}{\dfrac{\partial Q^m_{i\_CDM}}{\partial M_{l^* \to l_1,p^*,i}}} \right| > \\ \text{SupM}_{l^*,p^* \to p,i^*}, & \text{Otherwise} \end{cases}$$

$$\left| \dfrac{\partial \text{SecruityReturn}}{\partial \sum_\lambda q^\lambda_{i,m}} \right|$$

子模型 $M_{l'\to l_1,p',i}$ 描述的是供应链企业通过在 CDM 项目中为被协助企业更换全新低碳设备获得碳权所付出碳成本决策的情形。同样，由于对外实施 CDM 只是可以抵减自身碳排放义务，但自身碳排放量的碳税无法避免，因此，采用这种途径时，碳税成本对决策不会产生影响，所以该模型在碳成本中也只对年投资成本求偏导，从而得出在 CDM 项目中为被协助企业无偿更换一台全新低碳设备所引起碳成本的变化、换得的碳排放量变化、每购入一个单位的碳权所引起的碳权机会成本的变化（即"边际碳权成本"），前二者相比即为"边际 CDM 低碳设备成本"，如果"边际 CDM 低碳设备成本"大于"边际碳权成本"，则供应链企业会选择通过 CDM 项目获得碳权或抵消自身减排义务，反之则选择从碳排放交易市场上外购碳权。

第二节　供应链供应商维度碳成本管理

一、供应商维度碳成本"能力差异"分析

供应链在通过市场调查确定了目标碳排放量之后，需要根据自身已有的碳排放控制能力，判断满足客户目标碳排放需求的可能性。供应链已有碳排放控制能力强，则表明供应链现有低碳设备可以在客户要求的碳排放水平内生产出目标产品，反之则表明现有设备技术滞后，产品碳排放超标，无法满足客户碳排放需求。也就是说，供应链现有的碳排放控制能力（本书简称"可接受碳排放"）与目标碳排放之间存在的差异，会对供应链客户碳排放需求的实现产生影响，供应链只有将这一差异消除才能满足客户的目标碳排放需求从而获利。本书将这一差异简称为"能力差异"。

"能力差异"直接指向了供应链自身所具备的碳排放控制能力即"能力最小值"，如果供应链整体的低碳投资水平达不到控制碳排放所需硬件

的底线，则供应链碳成本目标的实现将无从谈起。显然，供应链碳排放控制能力取决于供应链所拥有的低碳设备与技术水平的先进程度，这一指标在宏观维度通过战略性动因的分析与控制可以预先加以控制，也可以在微观维度通过增加低碳投资得以改变。目前，常见的低碳投资方式包括自行减排（如购置新设备、更新净化零部件）、通过 CDM 项目投资获得碳权等，无论采取哪种方式，对供应链来说都需要在成本效益之间权衡利弊，即供应链至少需要从供应商网络构建时就要对自行减排成本、CDM 成本与社会减排成本进行比较，同时供应商的低碳水平也会对供应链整体低碳控制能力产生根本影响。因此，在供应商维度，供应链核心企业需要在对供应商的低碳水平进行评价的基础上，选择低碳化供应商构建低碳化供应商网络。与此同时，还应将供应商碳排放控制能力与供应链碳排放控制能力统筹规划，从而做出极具综合性的低碳投资决策，实现供应商维度碳成本的控制目标。

可见供应链可通过以下三种方法改进供应链的低碳投资水平从而消除"能力差异"，本书随后的讨论将按照以下三部分内容进行：

（1）供应商维度碳成本动因分析。通过对供应商维度碳成本的动因分析，可以识别并提炼出影响供应商维度碳成本的决策因子，为本维度的供应商评价、碳成本决策提供决策依据。

（2）制定低碳化的供应商选择评价标准，即通过基于作业成本法的供应商分工与协调，合理确定、比较各供应商碳成本，以供应商碳排放水平的最低组合，实现碳排放成本的链间互补，从而消除"能力差异"。

（3）低碳设备与技术投资决策。在既定供应商网络的基础上，统筹规划供应链各成员企业的低碳设备与技术投资。这是供应链控制碳排放的硬件保证，必要的低碳设备与投资代表着先进的工艺水平，先进的工艺会带来高效率、低碳排放水平，能够缩短供应链碳排放控制能力最小值与目标碳排放最大值的差距，从而使得供应链有能力将产品碳排放量控制在目标范围内，消除"能力差异"。

二、供应商维度碳成本的动因分析

供应链成本管理框架的第二个区域由产品生产和网络构建组合而成，本书称之为供应商维度。该维度所要解决的问题是生产合作伙伴的选择（即供应商选择）和确定合作伙伴的特定角色（即生产分工）。与传统供应链不同的是，低碳资质与能力成为供应链碳成本管理者选择合作供应商的主要标准，而生产分工的主要依据则是碳税税率的区域性差异。

低碳化的供应商是供应链实现低碳经营的基本保证。麦肯锡的报告建议，富有远见的企业应该将减碳作为培育供应商的新机会，将自己在生产、采购、研发以及提高能效领域的最佳实践传授给重要的供应商，这不但可以帮助供应商从供应链中减少更多的碳排放，还为企业进一步降低成本、提高运营绩效提供了机会。

此外，仅处理产品层次的目标成本并不足以实现成本缩减，因为产品层次的目标成本主要关注产品零部件的直接成本，通过为供应商设定目标和协助他们实现这些目标以实现供应商整合。与供应商的合作会引起作业成本和交易成本，这些成本也要用于成本缩减。

需要说明的是，供应商维度并非都是显性碳成本，相对显性一些的碳成本主要体现在供应商关系的建立与维持作业以及针对供应商所提供材料的质检与售后作业中。而作为传统供应链直接成本的采购价格，由于其只是体现为采购价款的支付，从表面上看似乎与碳成本的发生没有明显的因果关系，很难在供应商维度找出直接碳成本的驱动因素，但采购价格中所隐含的碳成本却是整个供应链碳成本的重要组成部分，为此本书将在随后的"供应商直接碳成本"部分对采购价格所隐含的碳成本进行讨论。

根据已有文献结合本书对供应商维度碳成本的理解，供应商维度相关作业对碳排放活动的映射分析如图5-3所示。

从图5-3可以看出，供应商维度相关作业对碳排放活动的映射会形成两种碳成本的动因。

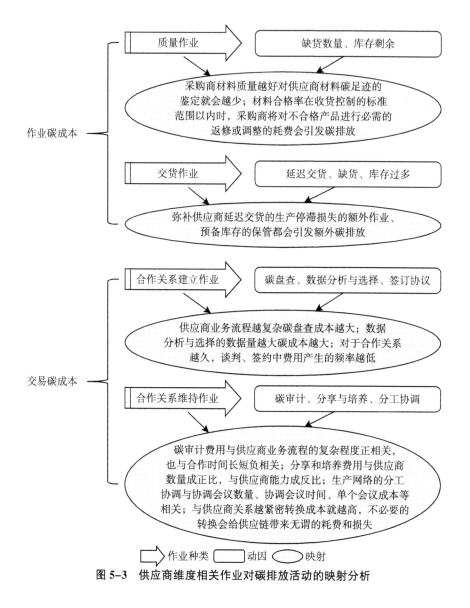

图5-3 供应商维度相关作业对碳排放活动的映射分析

（一）供应商直接碳成本的动因分析

供应商维度没有太多的直接碳成本。采购价格对供应链碳成本来说，也并非显性碳成本，但对供应链碳成本的管理来说，具有较大的参考性，是碳成本得以在链间传递的媒介。理由如下：

1. 采购价格中隐含着供应商流程中的碳成本

在传统供应链成本管理中，采购价格通常被近似的看作是供应商直接成本。然而从供应链碳成本管理的角度看，采购价格只是单纯地表现为一种价款支付行为，这一作业本身并不能引发含碳资源的消耗即碳成本，与碳成本的发生没有形成明显的因果关系，因此很难在供应商维度找出直接碳成本的驱动因素。但是，有一种观点认为，供应链80%的碳足迹来自上游即供应商，供应链的碳足迹大多通过供应商向采购商提供材料传递至下游，这意味着供应链碳成本中有很大一部分来自供应商所提供材料的成本，该成本通过材料价格得以传递。可见，支付采购价格的活动，虽然并未直接引起碳成本的增加，但却隐含着上游供应商流程中发生的碳成本。

2. 采购商已无法改变采购价格中隐含的供应商碳成本

供应商流程中发生的碳成本，按照前述碳成本的定义，同样包括碳成本、碳税成本、碳排放权成本及碳盘查、碳审计等成本。采购商购入供应商的产品时，虽然可以通过折扣手段，降低采购价格或采购成本，但隐含在采购价格中的碳成本，对采购商来说已无法改变，所以订货批量、年需求量等传统供应链的供应商直接成本动因，并不适合用来进行供应商直接碳成本的动因分析。

3. 隐含在价格中的碳税成本也会成为采购商权衡利弊的重要参考指标

在现代供应链管理中，采购价格仍是供应商考虑的一个重要因素，因为至少可以将它与市场同档次产品的平均价和最低价进行比较，采购价格在进行供应商做出决策时依然是非常重要的参考数据之一。供应商应该能够提供有竞争力的价格，隐含在价格中的碳成本也会成为采购商权衡利弊的重要参考指标。这是因为供应商的碳税税率会因所在区域政府碳税法律的规定有所不同。正如前所述，碳成本的战略性动因分析中对碳税税率的讨论那样，供应链碳成本管理者通常会选择碳税税率较低的供应商组成生产网络，以此降低供应链整体碳成本，供应商的碳税税率是能够从宏观层面影响碳成本的地理位置动因。

4. P-Q-F 法则对采购成本具有很大的约束

采购价格的高低虽然可以通过与供应商议价进行改变，但 P-Q-F（即价格/质量/功能悖反）法则告诉我们，过低的价格只会带来质量与功能的弱化、低碳水平的下降，采购商将得不偿失。

供应商的碳成本最终要转嫁到产品价格中，因此要实现采购价值，还必须分析供应商的成本驱动因素，寻求共同降低碳成本的途径，才能实现长期的双赢低碳采购。许多供应商在接到企业询价的信息后，通常会报出一个期望成交价格，即避开成本分析，直接以最终价格向企业报价。那么这个价格是否合理，中间包含了多少隐性碳成本，需要采购人员去分析判断。

可见，虽然供应商维度没有直接碳成本，但其采购价格却能为供应商低碳水平的判断与选择提供重要参考。

（二）供应商作业碳成本的动因分析

供应商维度除采购价格外，需要关注的第二个问题是所购材料的低碳质检验收作业，因为这些作业可以体现供应商的低碳水平。本书称之为采购作业。

不同供应商引起的采购作业是不同的。例如，有的供应商提供的产品需要检验，有的则是免检的；采用 JIT 的供应商不会引起顾客库存费用的增加，未采用 JIT 的供应商会引起顾客库存费用的增加，等等。采购作业碳成本的大小取决于供应商材料供给业务的能力与水平，供应商评价与选择标准也与该类作业碳成本的大小密切相关。

（三）供应商交易碳成本的动因分析

交易碳成本是供应商维度最重要的碳成本，因为与供应商建立低碳的长期战略合作关系对供应链产品质量具有极为重要的战略性意义。

正如前文所述，仅靠企业的单打独斗很难实现低碳经济发展的战略性目标，有远见的战略外包决策、以低碳为标准的供应商选择对供应链来说十分重要。而将企业非核心业务外包给供应商时，必须考虑相关活动及与供应商之间必不可少的交易，这可能会引起针对供应商关系而进行的战略投资，引起极高的交易成本。这些交易成本通常是一次性投资，这种投资可以整合和优化供应链上各个公司之间的流程，供应链上企业之间的战略伙伴关系通过企业之间的长期博弈关系，依赖声誉机制的作用，能够有效地降低交易成本，获得投资回报。

Coase R.H.（1937）在《企业性质》中指出，市场运行过程中存在交易费用，这是价格机制运行的成本，包括：①获取市场信息的费用；②谈判和履约的费用。威廉姆森（1996）的《治理机制》正式提出了交易成本的概念，包括：①协议成本；②协议预防突发事件成本；③实施协议的成本；④终止协议的成本；⑤获取市场信息的费用；⑥法律费用。因此，交易成本不仅包括传递信息的成本，还包括签订合同、决策，以及它们的实现和控制所产生的成本，如发现相对价格的工作、谈判、签约、激励、监督履约等的费用。

本书认为这些交易成本的发生都是为了一个目的，即建立长期的战略合作关系，因此，为实现长期战略合作的目标，供应链需付出两类交易成本：合作关系建立成本、合作关系维持成本。

1. 合作关系建立作业及其碳成本动因

寻找并选择合适的供应商，建立与供应商长期合作关系是供应链生产经营中的重要作业。Handfield（2002）等认为，完整的供应商开发过程包括七个步骤，即识别关键商品、识别关键供应商、建立跨部门的工作小组、与供应商的高层管理者接洽、判别主要项目、签订详细的协议、控制实施过程和修正战略。在供应链中，企业间的交易始于客户寻找货源和供应商寻找订货商。合作关系的建立主要作业包括市场调研——碳盘查、数据分析与选择、签订协议。

2. 合作关系维持作业及其碳成本动因

由于合作关系建立成本的存在，一旦与供应商建立了合作关系，除供应商严重违背合约外，应尽量将这种关系加以维持、巩固，以减少寻找新供应商的次数。

维持合作关系需要经过以下作业：

（1）碳审计。在低碳经济发展模式下，碳审计是供应商维度最为重要的监督作业。碳审计是对企业生产流程中的碳排放水平执行审计程序，判断碳排放水平的活动。通过碳审计，可判断企业碳排放行为是否符合政府制定的碳排放规范或供应链碳排放需求。碳审计分为内部碳审计、外部碳审计，此处所指的碳审计是采购商对供应商碳排放水平进行的审计，属于外部碳审计。定期进行碳审计是一种对供应商进行持续监督的有效方法。在与供应商合作过程中，核心企业需要不断的对供应商碳排放水平进行持续监督，对照事先商定的指标，定期对供应商的表现做出评价，对问题及时做出响应，以确保供应链的生产网络最终能生产出符合低碳客户要求的产品。如果审核发现问题，企业可以在引发严重后果之前把它们提出来，要求供应商限期改进或更换供应商，或者当供应商找不出问题的根源时，采购商可派工程师前往处理问题。ISO14000 和 EMAS 等环境认证对于进行供应商评价和审核意义重大，它可以适度减少碳审计工作，提高环境管理的效率，这对建立长期供应关系尤其重要。

（2）分享与培养。选定供应商以后，培养供应商在低碳技术以及低碳产品开发方面的能力是维持供应商关系的重要举措。如产品的低碳包装技术、生产流程改进后的新操作规范、有关设备误差方面的准确资料收集技术等，有些供应商具有一定的产品研发和产品设计能力，通过培养作业，能够为供应商提供参考，以适当方式设计低碳产品，从而达到采购商的技术需求，这样可降低公司对产品研发和产品设计所付出的成本及风险。

（3）分工协调。将非核心业务外包是供应链分工协调的重要手段，供应商之间的分工协调直接关系到供应链的生产效率与碳成本。供应链管理注重的是企业核心竞争力，强调根据企业的自身特点，专门从事某一领域、某一专门业务，把有限的资源集中于价值链中自己擅长的环节上，培育并保持自己的核心能力。

（4）转换。当采购商决定更换供应商时，需要充分考虑转换成本。首先是旧有供应商成本的沉没。当企业选择了新的供应商并完全放弃旧的供应商时，前面所讨论的各类和旧的供应商有关的成本，如寻找旧的供应商时所产生的搜寻成本，交易成本，等等，在转换行为发生之后就无法得到补偿，从而会引致沉没成本、旧供应商的替换还会带来不可预知的风险。比如，有些供应商掌握一定的企业内部重要的信息，如果更换供应商无疑等于这些信息的外泄。其次是新供应商成本的开始。建立新供应商合作关系意味着新一轮搜寻成本开始，市场调研、数据分析与选择、签订协议、监督、分享与培养等作业，这些新供应商成本无疑加大了供应链的额外成本，耗费更多的含碳资源，产生更多的碳排放。

三、供应商维度碳成本决策的决策因子分析

通过上述动因分析，采用统计分析软件 SPSS17.0 进行供应商维度碳成本关键因子的提取（具体步骤同第四章第二节，因篇幅所限，此处略），可提取出如下主因子：

（一）供应商低碳设备成本

供应商是否具有供应链所需的低碳设备与技术，在供应链碳成本的形成中起决定作用。链间成员低碳设备与技术的共享是供应链有别于单个企业实施低碳过程中的优势所在，因此，无论是供应链核心企业对供应商的技术援助还是供应商低碳设备与技术对核心企业的弥补，低碳设备投资成本都是决定供应链碳成本的重要因素之一，也是供应链碳成本决策的关键因子，在进行碳成本决策时需慎重考虑。

（二）供应商低碳资质

通常情况下，低碳化供应商因所具备的低碳资质，使得其所生产提供的零部件符合供应链核心企业低碳化要求，满足供应链最终产品碳成本最小化的管理目标。所以，供应商网络的重要组建标准之一是供应商碳资质的高低。拥有第三方颁发的相关碳资质证书可以间接的说明供应商是否具有为供应链提供低碳化物资供应的能力，据此，供应商低碳资质成为供应链核心企业在构建低碳化供应商网络决策时供应商选择标准的重要指标之一。

（三）供应商低碳合作时间

合作时间越久，说明供应商与核心企业的关系越稳定，其技术地位也

相对较重要，供应链与之形成依赖关系。长期的低碳化合作对供应链来说意味着两点优势：一是供应链可以免去高昂的供应商转换成本；二是由于长期的信任合作，这些供应商会成为潜在的稳定的合作伙伴，为供应链在未来低碳经济发展中的可持续发展提供战略性保障。

通过上述供应商维度碳成本决策因子的分析可知，在供应链碳成本决策中，供应商的低碳设备与技术水平成为重要的决策因子，需予以充分的考虑；而供应商网络的构建决策需根据供应商低碳资质、低碳化合作时间等决策因子加以判断。

四、供应商维度的碳成本控制——"能力差异"的消除

如前所述，能力差异是可接受碳排放量与目标碳排放量之差导致的碳成本差异，该差异是在客户维度根据客户意愿调查确定了目标产品碳成本所对应的碳排放量（即"目标最大值"）之后，与前述可接受碳排放量（即"能力最小值"）相比较而形成。此时，"能力最小值"与"目标最大值"很可能不一致，若前者小于后者，说明供应链控制碳排放量的能力很好，无须增加低碳投资；相反，说明供应链控制碳排放量的能力还不够好，需要采取措施以消除该差异。

"能力差异"直接指向了供应链自身所具备的碳排放控制能力即"能力最小值"，而在供应链碳成本战略性成本动因分析中我们就已确定，这一能力主要与供应链整体的低碳设备与技术投资额有关，如果供应链整体的低碳投资水平达不到控制碳排放所需硬件的底线，则供应链碳成本目标的实现将无从谈起。因此，改进供应链整体的投资水平是进行供应链碳成本管理的重要步骤。然而仅核心企业单一行动很难实现整个供应链碳排放量的总体降低，因此还需要协同供应商，即通过对供应商网络进行重构，从供应链上游环节改善供应链整个链条对碳排放量的控制能力，从而消除供应链碳排放的"能力差异"。

基于上述碳成本"能力差异"分析、供应商维度碳成本动因及决策因子分析，本书认为供应链供应商维度碳成本的控制可通过供应商网络构建

决策确定战略合作的低碳化供应商以提高供应链整体的碳排放控制能力，通过低碳设备投资决策消除"能力差异"，具体阐述如下：

（一）基于作业成本法的供应商网络构建决策——供应商低碳化水平评价标准

供应链成本管理低碳优化的产品——关系矩阵要解决的另一个问题是由谁参与产品的生产。也就是说，制定低碳化的供应商选择评价标准，通过基于作业成本法的供应商分工与协调，合理确定、比较各供应商碳成本，可实现供应商碳排放水平的最低组合，实现碳排放成本的链间互补，从而消除"能力差异"。

供应商选择是采购决策的重要内容，对以低碳化为目标的供应链来说更是如此。选择合适的低碳化供应商对企业碳成本的降低、企业柔性的增加乃至企业经济市场上低碳竞争优势的提升都会产生直接的影响。因此，低碳而巩固的供应商是供应链低碳化运营的基础。为保证供应链低碳优化，并与供应商建立稳定可靠的合作关系，企业对于供应链碳排放的源头——供应商的选择和管理更加慎重。

传统的供应商选择标准通常有以下几种：价格/质量/功能（PQF）悖反法、所有权成本法（Total Cost of Ownership，TCO）等。价格/质量/功能（PQF）悖反法，该方法强调选择供应商应该在价格、质量、功能三者间进行利益权衡，也就是说，在供应商的目标成本超出了采购商规定的要求但不太大时，PQF权衡需要双方的设计工程师一起研究设计改变方案，通过修改部件本身的质量和功能条件进行调整，但不会影响最终产品的质量和性能。对于供应商来说，达到了目标成本和目标利润的要求，而对于采购方来说，尽管零部件的质量和功能有所调整，但终端产品质量和功能并没有降低。可见，PQF权衡时，供应链中供应商方面的直接成本其实质是价格/质量/功能（PQF）三个参数之间权衡的结果，也许质量比目标有所降低或提高，但同时功能却比目标加强或降低。所有权成本法（Total Cost of Ownership，TCO）是库珀和卡普兰提出的一种平均供应商成本的概念。TCO指的是在ABC基础上，分析采购商从供应商处获得材料所需的总成本，包括材料净购价和执行与采购有关的各项作业的成本之和。ABC 法能计算构成所有权总成本的各项作业成本，包括订货成本、接受成本、检验成本、加速处理成本、储藏成本和其他与购买相关的作业成本等。不难看出，传统的供应商评价标准只侧重于根据供应商的历史服务状况评价而忽视环境因素与发展潜力的指标体系，这种方法已不能适应低碳经济发展的需求。因此，需建立低碳化的供应商评价标准：

1. 供应商低碳化水平指标设计原则

本书认为，低碳水平的动态考核指标设计应把握住以下原则：

（1）以实物计量为评价基础。实物计量是低碳水平动态绩效评价的基本原则，即该类指标重点考核的是"剥去"货币资金价值"外衣"后碳排放量的动态变化，而非货币计量假设下得出的会计指标数据（如传统静态指标低碳资金回报率等）。强调实物计量原则的起因在于，无论采用怎样的评价角度与方法，碳排放量的大小是所有碳绩效考核方法的运算基础。目前，许多文献中提到的绩效评价体系采用的大都是货币计量原则，即在对碳排放量进行实物计量的基础上，融入货币时间价值与资金使用风险价值后，将实物计量的碳排放量转化为货币计量的低碳收益，这样做虽然可以将企业碳排放行为纳入会计报表，反映出碳排放行为的财务学效应，但却模糊了企业碳排放行为的实质性特征，不利于政府对其进行动态的激励考核。

（2）以可持续性为评价核心。目前，我国低碳化实践尚处于初级阶段，许多企业为迎合政府发展低碳经济的要求，也曾引入了一些低碳设备与技术，使得其低碳投资类指标暂时满足了当时的硬件要求，然而低碳设备与技术的运用，却由于企业自身能力所限或低碳意识淡薄而在实践中遭遇搁浅，给企业造成不必要的资源浪费与闲置，有悖于发展低碳经济的初衷。我们知道，政府用于对企业低碳激励的资金是有限的，要想将有限的低碳资金分配给真正能够节能减排、低碳经营的企业，必须更加关注企业的减排潜力，在若干企业之间选择较为占优的企业进行低碳优惠政策，以打破"大锅饭"的僵局，真正调动企业的积极性。因此，作为政府激励手段的低碳绩效评价指标中，可持续性应该成为指标设计时必须遵循的核心原则。

（3）以努力程度为评价准绳。地方政府对企业的低碳激励标准应该以其实施低碳经济活动的努力程度为评判标准，而非经营规模、盈利水平和企业资质等，这是因为"内因决定外因"，努力程度代表了企业发展低碳经济的主观能动性，企业主动发展低碳经济，会取得事半功倍的效果，因此在设计低碳水平考核指标时，努力程度是需要着重考核的内容，这也是低碳水平的动态绩效评价与传统绩效评价（财务视角）的重大区别所在。

本书认为，在低碳经济发展模式下，供应商评价标准除可沿用传统供应商评价成本外，还应着重考虑供应商的低碳化水平，因为供应商的低碳化水平可以从环境保护意识的角度反映未来域供应商合作关系的可持续性。在此，供应商的低碳化水平是指供应商在内部流程中的碳排放及其低碳发展潜力等进行考虑所表现出来的综合水平，具体可从绝对值、相对值两个角度加以反映。

2. 供应商低碳化水平评价指标

根据上述设计原则，本书建立如图 5-4 所示的低碳化水平评价指标体系。

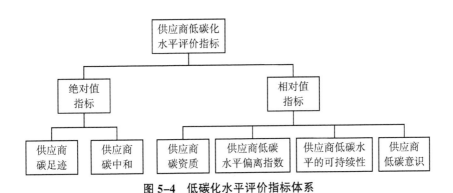

图 5-4　低碳化水平评价指标体系

（1）供应商低碳化水平评价的绝对值指标。

1）供应商的碳足迹。根据生命周期理论，碳足迹即"碳耗用量"，是用来测量因耗能所产生的 CO_2 排放对环境影响的新指标，常以产生的 CO_2

吨数为计算标准。供应商所提供的产品或服务所产生的成本是最终产品或服务成本的一个部分，涵盖了为生产产品或提供服务的所有流程（或者供应链上游流程）中，耗费的所有作业资源产生的碳排放，处于供应链上游，或者说处于产品或服务生命周期的供应段，因此其相应的碳足迹（即公司碳足迹）也要计入最终产品或服务的碳足迹中，准确计算供应商碳足迹极为重要。

供应商碳足迹计算可依据 2008 年英国公布的 PAS2050《商品和服务生命周期温室气体排放评估规范》。2008 年 10 月，英国标准协会、英国碳信托有限公司和英国环境、食品与农村事务部联合发布碳足迹新标准——PAS2050，是计算产品或服务在整个生命周期内、从原材料的获取，到生产、分销、使用和废弃后的处理——温室气体排放量的一项标准，也是目前唯一公开确定的具体计算方法，用来评价产品生命周期内温室气体排放。为确保供应链整体低碳经营策略得到不折不扣的贯彻实施，采购商可聘请第三方专业机构对供应商产品碳排放进行盘查和监测。

PAS2050 标准的宗旨是帮助企业在管理自身生产过程中形成温室气体排放量的同时，寻找在产品设计、生产和供应等过程中降低温室气体排放的机会，帮助企业降低产品或服务的二氧化碳排放量，最终开发出更小碳足迹的新产品。借助这项新标准，供应链下游（采购商）可以要求甚至协助其上游（供应商）对产品或服务的碳足迹进行评估。

2）供应商的碳中和。碳中和（Carbon Neutral），也叫碳补偿、碳中立，是人们为减缓全球变暖所做的努力之一。利用这种方式，人们计算自己日常活动直接或间接制造的二氧化碳排放量，并计算抵消这些二氧化碳所需的经济成本，然后个人付款给专门的企业或机构，由他们通过植树或其他环保项目抵消大气中相应的二氧化碳排放量。实施碳中和的项目种类繁多，比如植树造林、研发可再生能源、提高能源效率、垃圾填埋和沼气回收、提供融资支持项目开发或者参与碳交易等。另外，碳中和既支持大规模项目，也支持小区计划。

供应商的碳中和行为可以为其低碳水平加分，是碳足迹的抵减项。为了提高环保声誉，有些企业开始有强烈意愿发表碳中和承诺。因此，供应链成本管理低碳优化的实现，供应商维度的碳中和行为也是考核其低碳化水平的要素之一。

企业碳中和是否真实？这需要一定的确认标准。英国标准协会（BSI）2009 年 10 月 14 日宣布了 PAS2060——碳中和承诺，在 ISO14000 系列、PAS2050 等环境标准的基础上，提出可以通过温室气体排放的量化、还原和补偿实现碳中和，从而完善了"碳中和"的概念，使得碳中和的承诺具有准确性、可验证性和无误导性。

企业实施碳中和之后，究竟能够产生多少碳中和额度？PAS2060 规定，碳中和可通过独立第三方机构认证（Independent Third Partycertification）、其他机构认证（Otherparty Validation）或自我审定（Self-validation）等方式进行碳中和的核查，并颁发碳中和证书记录减排数量及其价值。

（2）供应商低碳化水平评价的相对值指标。

1）碳资质。目前各个国家都设立了系列环境法规，对于不能达标的产品禁止进口，也就是绿色贸易壁垒。如 ISO14001 认证，欧盟的《RoHS 指令》，瑞典的《硫法》、《多氯联苯（PCB）条例》、《福条例》，中国的《排污征收使用管理条例》、《环境监察法规》、《化学品环境管理法规》等。供应商能否通过目标市场的环境法令，直接决定着最终产品的销售许可。因此，供应商的低碳水平如何，最直观的判断方法是看其拥有哪些低碳环保的认证资格，如 ISO14000 体系认证、ISO9000 系列认证、产品的生态商标、碳中和证书、产品碳卷标、清洁技术的使用、全生命周期成本、二级供应商环境评价等，以揭示其环境管理的水平与绩效。

2）低碳水平偏离指数。本书对供应商低碳程度的判断通过计算其低碳水平偏离指数进行：

供应商低碳水平偏离指数 =（供应商当年实际碳排放 – 行业标准碳排放）÷行业标准碳排放

低碳水平偏离指数大于 0，则说明供应商尚未达到同行业标准，属于高碳经营，碳排放超标，需改善；低碳水平偏离指数小于 0，说明供应商已达到同行业标准，属于低碳经营，碳排放达标，相关产品或服务符合客户价值需求，可以交付给客户。此指标越小，说明与行业标准碳排放越近，采购商可以通过这一指数来判断供应商是否交付了符合低碳需求的预期价值。

3）低碳水平的可持续性。为真正实现低碳经营，采购商需从供应商处着手，判断其低碳经营是否具有可持续性，而非流于形式，减排潜力大小如何？这一特征的判断需要对供应商的低碳水平进行历史的、动态的分析，考虑供应链组织低碳的可持续性。

供应商低碳水平可持续性的判断计算公式如下：

低碳水平的可持续性

=供应商当年减排量÷供应商基年碳排放量

=（供应商当年二氧化碳排放量－供应商基年二氧化碳排放量）÷
　供应商基年二氧化碳排放量

=供应商单位产品二氧化碳排放量的减少数÷供应商基年单位产品二氧
　化碳排放量

式中，供应商的二氧化碳减排的比例越大，其产品（或服务）越"可持续"。

该指标的最大特征是以一个动态的标准衡量供应商低碳经营的可持续性，可持续性为供应商产品（或服务）未来的减排提供了发展空间，从采购商角度讲，意味着其零部件或原材料的减排潜力越大，采购商应该与之建立长久的战略合作关系，供采双方通力合作，才能在能源日益紧缺的未来市场上获得强大的竞争力。

4）低碳意识。如前所述，碳排放具有被动性的特征，碳中和具有主动性的特征，在低碳经济迅速发展的今天，主动实施低碳行为不仅可以抵消碳排放数量，给企业带来经济效益，对企业形象的塑造、声誉的维护也有着至关重要的作用。供应商如能主动开展碳中和活动，不仅保护环境，对整个供应链可持续发展战略的实施也奠定了基础。因此，本书将设定以下公式来描述供应商的低碳意识：

供应商低碳意识＝供应商的碳中和÷供应商的碳足迹≥0

该指标是一种结构性指标，是对前述低碳水平绝对值描述公式的分析运用。低碳意识等于 0，则表明供应商尚不具备低碳主动性的意识；大于 0 但小于 1，则表明供应商有一定的低碳意识，虽然有一些碳中和行为但杯水车薪，尚不能对社会环境的责任免除；等于 1 则表明供应商低碳意识较强，已完全抵消了其自身产生的碳排放数量，其生产经营实现了真正低碳化；大于 1 则表明供应商低碳意识非常强，与这样的供应商建立合作关系是采购商实现低碳经营战略的基础保证。

在继承传统供应商选择标准的基础上，本书提出了供应商碳成本+低碳水平的双重选择标准，二者的侧重点各不相同，前者侧重于从货币计量的角度（金额单位），衡量生产网络构建与维护的代价，后者侧重于从碳排放量的角度（实物量单位）讨论供应商碳排放现状及减排潜力，二者相辅相成、相得益彰。经过对供应商碳成本及低碳化水平的双重考虑，供应链生产网络的建立与分工便有了决策依据，并能为供应链生产网络的构建与分工协调决策提供更为全面的理论参考，如表 5-2 所示。

表 5-2 供应商低碳化评价标准

评价指标		权重	公式	含义	判断指标及依据
绝对值指标	碳足迹		$\sum Q_{c,i}$	供应商 i 采购、生产、销售等各经营环节碳排放量之和	此指标越小越好；依据 2008 年英国公布的 PAS2050《商品和服务生命周期温室气体排放评估规范》
	碳中和		$\sum Q_{CNe,i}$	供应商 i 通过绿化等途径抵减的碳排放量之和	此指标越大越好；PAS 2060 规定，可由独立第三方机构认证（Independent Third Partycertification）、其他机构认证（Otherparty Validation）或自我审定（Self-validation）等进行宣告碳中和的核查，客户可以获得一份碳中和证书
	碳资质		$\sum 0-l_i$	供应商所具有的低碳资质证书数量	此指标为定性指标，每取得一项低碳资质证书得 1 分，按照资质证明的多少累求得总分数，得分越高越好；ISO14000 体系认证、ISO9000 系列认证、产品的生态商标、碳中和证书、产品碳卷标、清洁技术的使用、全生命周期成本、二级供应商环境评价等

评价指标		权重	公式	含义	判断指标及依据
相对值指标	低碳化水平偏离指数		$\dfrac{Q_{sup,i} - Q_{sta}}{Q_{sta}}$	(供应商当年实际碳排放－行业标准碳排放)÷行业标准碳排放	此指标越小越好，表明与行业标准十分接近，在同行业中具有较强的竞争力
	低碳化水平的可持续性		$\dfrac{Q_{C,i}^{n} - Q_{C,i}^{0}}{Q_{C,i}^{0}}$	(供应商当年二氧化碳排放量－供应商基年二氧化碳排放量)÷供应商基年二氧化碳排放量	此指标越大越好，表明供应商碳排放量各年持续降低，具有低碳合作潜力
	低碳意识		$\dfrac{Q_{CNe,i}}{Q_{C,i}}$	供应商的碳中和÷供应商的碳足迹	此指标应大于等于0，且越大越好，表明供应商低碳意识较强
供应商低碳水平得分			$\dfrac{\sum Q_{C,i} \times 权重_i + \sum Q_{CNe,i} \times 权重_i}{Q_{C,i}}$		

（二）基于目标成本法的低碳设备投资成本决策

增加低碳设备与技术投资是供应链控制碳排放的硬件保证，必要的低碳设备与投资代表着先进的工艺水平，先进的工艺会带来高效率、低碳排放水平，能够缩短供应链碳排放控制能力最小值与目标碳排放最大值的差距，从而使得供应链有能力将产品碳排放量控制在目标范围内，消除"能力差异"。

低碳设备与技术水平的提高可以通过外购低碳设备与技术或在原有设备的基础上对净化设备进行更新改造，这意味着供应链企业需要在外购或更新改造两种方案中进行决策，决策主要依据相应方案的碳成本，根据企业趋利性原则，碳成本低的方案为优。

根据现有文献，目前供应链碳成本是否最优的决策标准主要包括两类：供应链自身原有碳成本、社会平均碳成本。为此，本书借鉴了AIM-Enduse模型（2008）、安崇义（2012）减排成本模型，对供应链碳成本管理中低碳设备与技术外购或更新改造决策展开论述。

本书所指的低碳设备更新改造成本决策实质是在供应链自行减排成本与社会评价减排成本间所做的比较。供应链更新改造低碳设备方案是否可行，需要将自身更新改造后的减排效率即企业实现节能的单位碳成本与社会平均减排成本做比较加以决策。如果自行更新改造的碳成本高于社会评价减排成本，则供应链自行减排得不偿失，放弃减排，反之则应选择自行更新改造降低碳排放成本。本书将通过以下四个子模型加以阐述：

（1）子模型 $M_{l,p \to p_l}$：净化设施更换决策。

$$M_{l,p \to p_l,i} = \begin{cases} 0, & \dfrac{C_{l,p \to p_l}^x}{X_{l,p,i} \sum_k (f_{k,l}^m E_{k,l,p,i}) \Delta d_{l,p,i}^m} - \xi_i^m > \overline{MC} \\ SupM_{l,p \to p_l,i}, & Otherwise \end{cases}$$

子模型 $M_{l,p \to p_l}$ 描述的是供应链为实现单位节能减排量所需的低碳成本与社会平均减排成本之间的四种情形及其决策方法。模型中的第一项即为实现减排而更换的净化设备成本 $C_{l,p \to p_l}^x$ 与节能减排总量 $X_{l,p,i} \sum_k (f_{k,l}^m E_{k,l,p,i})$ $\Delta d_{l,p,i}^m$ 之比，描述的是单位减排量所需的更换净化设备成本；第二项碳税税率 ξ_i^m 其本身的意义是供应链根据碳排放量所应缴纳的碳税，而在本模型中作为单位减排更换净化设备成本的抵减项，其意义则变为因减排而少纳的碳税成本。二者相减的结果是供应链企业为实现碳排放量减少而产生的"单位减排投资净成本"，该成本与社会平均减排成本相比，若"单位减排投资净成本"大于"社会平均减排成本"，说明更换净化设备会使得供应链企业的碳成本高于同行业平均水平，供应链企业必然不会选择更换净化设备而选择维持现状；相反，若"单位减排投资净成本"小于"社会平均减排成本"，则说明供应链企业能够在低于同行业减排成本水平的情况下既能获得低碳效益，又能减少碳排放避免碳超标罚款，供应链企业必然会积极选择更换净化设备的低碳改造，从而获得核心竞争力。

（2）子模型 $M_{l \to l1}$：更换全新低碳设备决策。

$$M_{l \to l_1,p_l,i} = \begin{cases} 0, & \dfrac{C_{l \to l_1,p}^x - \sum_k (g_{k,i} \xi_{k,l,i} E_{k,l,p,i}) X_{l,p,i}}{X_{l,p,i} \sum_k (f_{k,l}^m \xi_{k,l,i} E_{k,l,p,i} U_{u,k,i}) d_{l,p,i}^m} - \xi_i^m > \overline{MC} \\ SupM_{l \to l_1,p_l,i}, & Otherwise \end{cases}$$

该模型讨论的是供应链企业是否应该更新低碳设备的决策问题。模型由两项构成，第一项描述的是购置全新低碳设备所付出的购置成本 $C_{l \to l_1,p}^x$，而使用全新低碳设备一方面会降低碳排放，另一方面则会因节省能源使用量而相应减少购买能源成本，把因节能而减少购买的能源成本 $\sum_k(g_{k,i}\xi_{k,l,i}E_{k,l,p,i})X_{l,p,i}$ 作为购置成本的抵减项，其结果可以更为真实的描述购置全新低碳设备成本；第二项是碳税税率 ξ_i^m，基于与前相同的理由，此处将碳税税率也可以理解为因节能减排而少纳的碳税成本。两项相减则是供应链企业因购置全新低碳设备而发生的"单位减排投资净成本"，该成本与社会平均减排成本相比，若"单位减排投资净成本"大于"社会平均减排成本"，说明购置全新低碳设备会使得供应链企业的碳成本高于同行业平均水平，供应链企业必然不会选择购置全新低碳设备而选择维持现状；相反则说明供应链企业能够在低于同行业减排成本水平的情况下既能获得低碳效益，又能减少碳排放避免碳超标罚款，供应链企业必然会积极选择购置全新低碳设备的低碳改造。

（3）子模型 $M_{l^*,p^*\to l1,p}$：CDM 项目更换净化设备决策。

$$M_{l^*,p^*\to p_1,i^*} = \begin{cases} 0, & \dfrac{C_{l^*,p^*\to p}^x}{X_{l^*,p^*,i^*}\sum_k(f_{k,l}^m E_{k,l^*,p^*,i^*}U_{u,k,i})\Delta d_{l^*,p^*,i^*}^m} > \overline{MC} \\ SupM_{l^*,p^*\to p_1,i^*}, & Otherwise \end{cases}$$

该模型的构成与前有所变化，不同之处在于式中的第一项，$\dfrac{C_{l^*,p^*\to p}^x}{X_{l^*,p^*,i^*}\sum_k(f_{k,l}^m E_{k,l^*,p^*,i^*}U_{u,k,i})\Delta d_{l^*,p^*,i^*}^m}$ 是供应链企业通过 CDM 项目为非附件 1 国家的企业更换净化设备成本，第二项则不再考虑碳税成本 ξ_i^m，因为按规定进行 CDM 项目的企业可享受免税优惠，因此该决策模型简化为 CDM 项目的单位投资成本与社会平均减排成本之间的比较，即若 CDM 项目更换净化设施的"单位减排投资成本"大于"社会平均减排成本"，说明进行CDM 会使得供应链企业的碳成本高于同行业平均水平，供应链企业必然不会选择 CDM 项目投资而选择维持现状；相反则供应链企业必然会选择 CDM 项目从而抵免其减排义务，降低碳成本。

（4）子模型 $M_{l^*\to l^*,p^*,i^*}$：CDM 项目更换全新低碳设备决策。

$$M_{l^*\to l^*,p^*,i^*} = \begin{cases} 0, & \dfrac{C_{l^*\to l_1,p^*}^x}{X_{l^*,p^*,i^*}\sum_k(f_{k,l}^m \xi_{k,l,i^*}E_{k,l^*,p^*,i^*}U_{u,k,i})d_{l^*,p^*,i^*}^m} > \overline{MC} \\ SupM_{l^*\to l^*,p^*,i^*}, & Otherwise \end{cases}$$

该模型的构成与 $M_{l^x,p\to p_i^x,i}$ 变化不大，不同之处在于式中的第一项的分子 $C_{l^x\to l_i,p}^x$ 是供应链企业通过 CDM 项目为非附件 1 国家的企业购置新设备成本，其他各项没有变化，若 CDM 项目购置新设备的"单位减排投资成本"大于"社会平均减排成本"，说明进行 CDM 会使得供应链企业的碳成本高于同行业平均水平，供应链企业必然不会选择 CDM 项目投资而选择维持现状；相反则供应链企业必然会选择 CDM 项目从而抵免其减排义务，降低碳成本。

第三节 供应链产品设计维度碳成本管理

供应链碳成本管理微观维度的第三个维度是产品设计与网络维度，本书称之为产品设计网络维度。在供应链产品设计阶段，跨组织成本管理需要企业的设计团队及其供应商、客户之间的密切合作，目标是寻找比设计团队单独设计成本更低的成本解决方案。

产品设计网络维度是控制碳成本的源头所在。产品之所以"高碳"是由于设计不合理，在没有作业成本引导产品设计的情况下，工程师们往往忽略许多部件及产品多样性和复杂的生产过程的成本。他们为性能而设计产品，却不考虑添加独特部件的成本、新买主和复杂生产过程的需要。通过出色设计来削减产品成本，最好的机会是产品的初次设计。作业成本分析能够揭示一些设计中存在的非常昂贵的复杂部件以及独特的生产过程，它们很少增加产品的绩效和功能，可以被删除或修改。产品的重新设计似乎是非常有吸引力的选择，因为它经常不被客户发现，如果设计成功地完成了，公司也不必进行重新定价或替代其他产品，相反，产品设计本身不合理、存在过剩功能以及工艺方案存在缺陷等，就会形成先天性的成本缺陷，从而给产品投产后的成本管理与控制带来极大的难度。可见，碳成本控制的源头在于产品设计网络维度。

同时，产品设计网络对供应链其他各维度碳成本具有较大的影响。经验表明，在设计阶段就剔除某些成本，比在产品投入生产后再设法剔除某些成本要容易得多。产品设计处在产品生命周期的第一阶段，此环节设计的合理性，对产品的整个生命周期是非常关键的。尽管研发阶段本身并不占很大的成本份额，也不会产生巨大的环境影响，但研发这部分成本对生命周期成本其他阶段的成本和影响也十分重要。

产品设计维度对其他维度碳成本有着较大的影响：

（1）与客户维度的关系。供应链应该生产怎样的产品或产品应具备怎样的功能—质量—价格才能适应市场需求，问题的答案来自客户维度对客户需求的调查。回顾客户维度的碳成本动因分析可知，客户需求决定了供应链碳成本会受到功能设计动因、质量设计动因和价格设计动因三种成本动因的影响，因此产品设计阶段的碳成本应该与客户需求的三种动因成正比。

（2）对供应商维度的影响。从采购角度来看，低碳化的产品设计理念需要非化石能源燃料与材料的使用才能实现，这样便预先决定了随后各节点企业的采购低碳标准及碳成本的大小；从生产角度看，低碳化产品必须由具备低碳化生产能力的供应商网络进行生产，才能达到低碳标准，也就是说供应商网络的构建及其标准其实在产品设计阶段就应该已经形成，等到真正建立生产网络时，可结合对供应商市场调研的情况再做调整。

（3）对内部流程维度的影响。如从运输角度看，选择怎样的运输方式和运输商碳成本最小，也取决于产品设计阶段对碳成本的碳约束性规划；从销售角度看，产品包装方式的低碳化程度直接会影响到消费者对产品的初步评判和选择，也会影响到运输的便利性，所以在设计新产品时就需优化产品的设计材料和尺寸。

一、产品设计维度碳成本"设计差异"分析

如前所述，供应链在确定了目标客户之后，目标碳排放量即成为整个

供应链为之努力的目标，此目标能否实现，除与供应链现有碳排放控制能力（即"可接受碳排放量"）进行比较外，还需与供应链按照现有产品设计方案所引发的碳排放量做比较并消除二者之间差异，本书称之为"设计差异"。该差异反映的是供应链现有产品设计所对应的碳排放量与目标碳排放量的差距，前者大于后者则意味着现有产品设计方案生产所产生的碳排放量会超标，需要采用各种成本工具改进设计以降低碳排放量，进行成本改善，从而将供应链产品的现有碳排放量水平降低至产品的目标碳排放量水平，消除"设计差异"后进入试生产。反之则说明供应链不会产生碳排放量超标，可继续使用现有设计方案直接进入试生产。

然而，改进产品设计仅靠核心企业是很难做到的，供应链需要构建一张既能体现客户需求又能实现客户需求的产品设计网络，以协同开发产品成本的减排设计方案。供应链获取客户需求的最佳路径是将客户纳入供应链的产品设计网络中，共同研发产品，唯此才能更加准确地在产品设计环节做到有的放矢，紧扣市场需求，取得较大的市场份额。同时，好的低碳创意还需优秀的低碳化供应商协同才能实现，因此，将具有一定低碳生产能力的供应商纳入供应链产品设计网络无疑是相当有效的碳成本控制手段。由此，本书随后的碳成本效率维度的内容将围绕参与产品设计的供应商选择、客户选择这两种决策展开，从动因分析入手，提炼相关产品设计维度决策的决策因子，通过产品网络维度决策消除"设计差异"。

二、产品设计维度碳成本的动因分析

产品设计网络维度发生的碳成本相对较少，主要是产品试生产中的材料消耗、人工消耗等。根据帕累托定律，80%的成本通常由20%的作业引起，产品的主要成本发生在制造阶段，而产品设计阶段虽然发生的成本较少，但设计一旦完成，产品成本的65%~85%就已经被决定了。

根据已有文献结合本书对产品设计维度碳成本的理解，产品设计维度相关作业对碳排放活动的映射总结如图5-5所示。

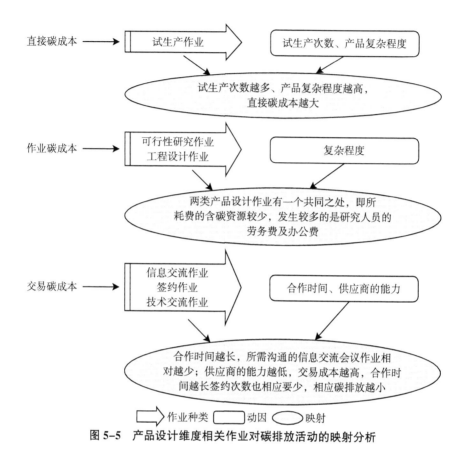

图5-5 产品设计维度相关作业对碳排放活动的映射分析

从图5-5可以看出，产品设计维度相关作业对碳排放活动的映射会形成以下三种碳成本的动因：

（一）产品设计网络维度直接碳成本的动因分析

产品设计网络维度的直接碳成本主要发生在试生产作业中，因为在设计和开发流程中需要用到一些含碳资源，如产品初样制造、装配、测试试验及评定的费用、人工费用、材料费用等。试生产的数量、规模都很小，只会产生少量直接碳成本。但事实上，供应链产品的大部分直接碳成本都已经由这些决策决定了。

（二）产品设计网络作业碳成本的动因分析

产品设计网络维度的作业是指将一个产品从方案论证发展到生产的所

有研制活动，可分为可行性研究作业、工程设计作业。可行性研究作业是在产品设计初期进行项目管理、工程设计、初样产品制造及测试实验等有关的数据采集，其间会产生信息搜集、文件起草、印刷、分发等费用，然后是确定研究任务，通过成本效益分析确定设计方案的可行性。工程设计作业指产品定义及研制的工程工作如系统工程设计，电子、电气、机械草图设计，可靠性及维修性设计，人机设计，功能分析及分配，后勤保障分析，元器件及材料分析，可生产性分析，标准化，安全性设计等作业。这两类产品设计作业有一个共同之处，即所耗费的含碳资源较少，发生较多的是研究人员的劳务费及办公费。

（三）产品设计网络维度交易碳成本的动因分析

交易成本表现为固定性和沉没性，同时表现为很强的风险性，需要进行早期管理。产品设计网络成本管理区域的交易成本主要发生在组建由供应商、客户建立的产品设计团队、跨组织成本调查中，初次建立合作关系时的交易成本在总成本中占主要部分。当一个企业将产品的大部分增值活动外包出去时，这家企业无法仅依靠自己开发低成本产品，这时就需要选择那些承担重要零部件并具备开发能力的供应商，以及具有低碳需求及创意的客户共同参与产品设计，组成产品设计网络。产品设计网络的构建作业主要包括信息交流作业及其碳成本动因、签约作业及其碳成本动因、技术交流作业及其碳成本动因。

三、产品设计维度碳成本决策的决策因子

通过上述动因分析，本部分采用统计分析软件 SPSS17.0 进行产品设计维度碳成本关键因子的提取（具体步骤同第四章第二节，因篇幅所限，此处略），可提取出如下主因子：

（一）与供应商、客户的合作时间

供应链核心企业与供应商、客户的合作时间越久，彼此了解程度也越深，邀请这些供应商、客户组建产品设计网络的可行性也越大，同时合作成本与风险也相对越小，研发成果既能尽可能地满足客户的低碳化需求，

也能从生产者的角度事先避免生产中可能出现的技术障碍，使得低碳化产品研制成功的概率加大。因此，在产品设计网络决策中，与供应商、客户的合作时间是非常重要的决策因子。

（二）供应商技术差异

组建产品设计网络时，基于成本效益原则，不可能将所有供应商都考虑进来，供应链需要根据目标产品的技术难度在供应商中抉择，因此各供应商之间所具备的低碳技术差异成为构建产品设计网络决策的重要因子。

（三）客户需求的个性化程度

客户意愿是供应链产品设计的基点，基于成本效益原则，并不是所有客户的意见都要采纳。供应链在选择加入产品设计网络的客户时，需在众多客户中根据其需求的个性化程度加以甄选，如那些低碳高价的客户，他们愿意承担低碳带来的高价，前提是产品必须符合他们心目中的低碳需求及特殊功能与质量。这些客户的建议对供应链产品设计来说是相当有参考价值的，因此必须纳入到产品设计网络中；相反，有些高碳低价的客户对供应链来说既不具有盈利性，也不符合供应链低碳化发展的目标，供应链可以考虑放弃。

四、产品设计维度碳成本的控制——"设计差异"的消除

"设计差异"是现有碳排放量（现行最小值）与目标碳排放量（目标最大值）之差导致的碳成本差异。基于上述碳成本"设计差异"、产品设计维度碳成本动因及决策因子分析，本书认为供应链产品设计维度碳成本的控制可通过产品设计网络构建决策确定战略合作的低碳化产品设计团队，以提高产品低碳化目标实现的可能性，通过整合产品设计网络碳成本管理工具的路径消除"设计差异"，具体阐述如下：

（一）基于作业成本法的产品设计网络决策

基于作业成本法的产品设计网络决策致力于从产品设计角度对供应商、客户进行分类与选择，以满足客户目标碳排放需求。

与传统供应链相同的是，低碳化的产品设计网络应该由供应商、客户

及采购商（或制造商）共同组成，然而并非所有供应商、客户都需要参加进来。产品设计能力、复杂零部件的生产能力、低碳资质是供应商是否参与产品设计的主要考察标准，客户的低碳需求及创意能力成为其是否参与产品设计团队的两项标准。本书认为，采用作业成本法对符合产品设计网络的供应商、客户的特征进行分析，从而准确地做出产品设计网络构建模式的决策。

1. 参与产品设计网络的供应商决策

Seidenschwarz 和 Niemand（1994）认为，零部件对整个产品越重要，供应商会越早被纳入产品开发流程，可有效地缩短新产品从研发成功到投放市场的时间，抢占市场。对供应商来说，早期参与低碳产品开发可增进与终端客户之间的交流，保证最终的产品是为客户量身定做的，并能因此获得稳定的市场需求，尽早预知到批量生产订单，有充裕的时间为批量生产做准备，减轻供货压力；对采购商来说，通过非核心业务的剥离，能保证把有限的含碳资源和精力集中在企业的核心能力发展上，而不必花时间和精力去攻克零部件设计生产上陌生的技术问题，能够充分利用供应商的专有技术、研发专用设备，缩减研发开支，降低开发风险，缩短产品研发到投放市场的时间，尽早占领市场。同时，通过产品设计网络的沟通与交流，信息共享、知识互补，给予双方接近和了解对方技术能力和战略方向的机会，从而为下一阶段的合作找到了基点和更适合的合作方法。

从上述产品设计维度的动因分析看，产品设计难度等基础动因都指向了供应商合作时间与专业能力，因此供应链究竟应该选择哪些供应商参与低碳产品设计网络，其判断标准取决于其与采购商之间的关系，关系越密切，参与设计时间越早，承担的设计任务越重大。这就意味着产品设计网络构建的供应商及其参与产品设计模式的选择，都需要以这些碳成本动因为衡量标准做出决策。因此，供应商能否参与产品设计、适用怎样的参与模式，要在供应商关系分析的基础上，采用作业成本法的追溯方法，充分考察供应商低碳设计能力及设计难度，予以定夺。

本书认为，供应链在供应链产品设计网络构建时，根据前文提取的主因子即与供应商合作时间的长短、供应商能力、产品设计难度，将供应商细分为以下三类并采取相应的管理方案。

（1）概念参与型。概念参与型供应商参与程度最高，他们通常技术水平先进，有能力提供全新的产品材料，与供应链合作时间较长，能够协助核心企业完成难度较大的产品设计。这类供应商因其与采购商有着超越利益的密切关系，使得他们在面对低碳化经营压力的情况下，能够主动开放彼此的信息，从产品设计、新能源开发与使用、低碳技术开发使用、环保材料使用等方面，充分进行信息交流，自觉履行零部件供应、产品供应的低碳化承诺。这类供应商与核心企业关系极为密切，因此又称为家庭供应商，他们通常在低碳产品概念阶段就参与低碳产品设计，包括关键部件或系统的开发。

对于这一类供应商，供应链企业应该予以充分的信任，与之建立战略合作伙伴关系，提供低碳技术支持，共同负担研发费用，长期合作，在并行成本 CCM 管理的方式下，实现成本最大化降低。

（2）技术参与型。技术参与型供应商参与程度中等，通常具有一定的专业合作能力，擅长生产瓶颈型材料，当供应链成本的缩减目标、低碳目标实现出现障碍甚至采用价格—质量—功能（PQF）也无法解决问题时，供应链可以将这些专业供应商的设计工程师们聚集起来，采用跨组织成本管理（ICI）的成本管理方式，共同寻找产品性能、规格、制造工艺上潜在的改进可能性，在零部件层次进一步挖掘供应链目标成本实现减排、缩减成本的机会。对于这一类供应商，供应链企业应该与之保持良好的合作关系。这种参与模式适用于专业供应商（Major Supp Liers），同时也是竞争力较强的供应商，数目不太多，对供应链增值作用比较小。为此，对这类合作伙伴的合作策略应比较灵活，即努力建立一种"良好"的合作关系，通过签订长期合同以保证采购品价格的稳定、质量的保证和产品供应的稳定。

（3）滞后参与型。滞后参与型供应商的参与程度最浅，大多只能生产常用型材料，通常是分包商（Subcontractors）。采购商与分包商之间的关系紧密程度不高，二者之间的成本合作方法一般适用于价格—质量—功能

（PQF）权衡法。其主要特点是在供应商的目标成本超出了采购方规定的要求但不太大时，通过修改部件本身的质量和功能条件进行调整，但不会影响最终产品的质量和性能。比如将某些内部加工面由精加工改为粗加工，PQF 权衡需要双方的设计工程师一起研究设计改变方案。对于供应商来说，达到了目标成本和目标利润的要求，而对于采购方来说，尽管零部件的质量和功能有所调整，但终端产品质量和功能并没有降低；主要按照制造企业的要求提供系统零件，很少参与零部件的具体设计。

滞后参与模式一般通过竞价的方式选择供应商，参与程度最低，即由制造商设计产品，提出详细的技术规格，供应商几乎不需要提供任何建议。非关键零部件通常采用这种模式。因此供应商只是按照制造企业的要求提供系统零件，很少参与零部件的具体设计，或者在供应商的目标成本超出了采购方规定的要求但不太大时，通过修改部件本身的质量和功能进行调整，但不会影响最终产品的质量和性能。

对于这一类供应商，供应链应该以合作互利为前提，坚持终端产品目标成本、质量、功能不做改变的原则，共同实现供应链成本管理的低碳化目标。

普通供应商（Common Supp Liers）通常不参与产品设计，采购商与普通供应商的关系最松散，双方依赖关系和信任程度不高，采用以市场竞价为基础的目标成本法，其信息交流的主要内容是数量、价格，而部件的功能规格是标准化的，不能改动。比如，提供普通的螺栓、螺母等标准件，这类零部件价值小且标准化程度高。

2. 参与产品设计网络的客户决策

从上述产品设计维度的动因分析来看，产品个性化程度等基础动因都指向了客户需求的领先程度与合作时间，因此供应链究竟应该选择哪些客户参与低碳产品设计网络，其判断标准取决于客户对产品个性化、低碳化的需求领先度，领先度越高的客户参与设计时间应越早，对产品设计的建议也越具有挑战性和建设性。这就意味着产品设计网络构建的客户及其参与产品设计模式的选择，都需要以这些碳成本动因为衡量标准做出决策。

因此，客户能否参与产品设计、适用怎样的参与模式，要在对客户领先度分析的基础上，采用作业成本法的追溯方法予以定夺。

现在消费者的需求特征发生了明显的转变，人们不再满足于对已有的产品进行选择，而宁愿为能够满足他们个人喜好的形状、尺寸、风格、品位的产品付出更多的时间和金钱。虽然大多数消费者只关心产品的功能结构，但这并不排除消费者参与产品结构设计的愿望。于是，客户参与设计的理念应运而生。

让客户参与产品设计，一方面可以增加与客户沟通的机会，充分了解客户需求；另一方面客户可以同时扮演消费者和设计者两种角色，通过直接参与产品设计并反复修改来满足自己的需求，从而引导企业建立适应范围较广的、成本不高的产品族。这样不仅可以使定制更为合理，将客户的价值诉求与成本控制连接起来，并传递到所有参与价值创造的成员，扩展了成本控制的空间域，也能为客户带来体验价值，从而提高客户满意度。

（1）需求式参与型客户。在这种生产方式中，客户参与程度最深，他们占据了"羚羊市场"，供应链几乎完全按照这项客户需求设计新产品。它是指企业按照客户订单的要求设计新零部件或整个产品并定制生产，这是一种是由客户订货驱动的生产方式，需要企业进行参数化设计或快速变型设计才能适应客户需求，相应的成本可能略有提高。

（2）改造式参与型客户。在这种生产方式中，客户参与程度较深，他们通常会提出极具个性化的低碳需求，供应链根据客户的这些特殊需求对企业原有零部件改造、变形后再行组装，即企业按照客户订单对已有零部件进行变型设计与改造，并向客户提供定制产品。这种生产方式也是由客户订货驱动的，主要采用变型设计方法，其次是参数化设计方法。

（3）菜单式参与型客户。在这种生产方式中，客户参与程度较浅，只是在可选项功能中做出选择，企业将现成的零部件进行组合即可，即企业按照客户订单将已有的零部件经过再配置后即可向客户提供定制产品，如模块化的汽车、个人计算机等，这种生产方式主要采用模块化设计、点菜设计，即客户可以根据自己的需求在限度范围内进行点菜、设计和选择组合。

本书基于作业成本法的思想，对供应商、客户参与产品设计模式的影响因素及特点进行了较为深入的讨论。本节结论是，产品设计网络维度是降低碳成本的源头，针对不同供应商或客户的特点，选择相应的参与模式是构建有效的供应商、客户产品设计网络的关键。

（二）基于目标成本法的产品设计网络碳成本的管理路径整合

为实现来自客户维度的目标碳排放（或目标碳成本），在产品设计维度主要解决的成本管理问题是目标碳成本的设计与分解。

1. 产品设计网络碳成本的设计路径

在产品设计阶段，跨组织成本管理需要企业的设计团队及其供应商之间的密切合作，目标是寻找比设计团队单独设计所获得的成本更低的成本解决方案。在这些相互合作中所采用的主要成本管理工具是目标成本法，即通过重新设计产品降低现有产品的生产成本，这使目标成本法成为一种能够适用于供应链管理的工具，也是用于保证供应商实现共同设定的功能、质量和价格目标的一种约束机制。Asari 和 Bell（1997）强调，目标成本法不是转嫁市场压力，而是与所有供应链伙伴进行协作，从而使每个企业都能保持自己的盈利性。

目标成本法作为一种约束工具，能够发现哪家企业难以实现碳成本足够低的设计。通过将供应链中多个企业的目标碳成本结合在一起，供应链末端企业所遇到的竞争成本压力就会通过供应链逐级向上传递。当供应商发现自己无法实现由采购商的零部件目标成本管理流程所确定的目标成本时，会启动其他三种跨组织成本管理活动：功能—价格—质量悖反、跨组织成本调查和并行成本管理，每一种管理机制都需要两个以上企业的设计团队合作设计产品以降低成本。

2. 产品设计网络碳成本的分解路径

一旦确定了产品层次上新产品的目标碳成本，跨职能的产品设计团队就会分解新产品，确定各零部件的目标碳成本。碳成本缩减目标不是平均分摊到所有的组件和部件。供应链核心企业应根据历史趋势、竞争计划和其他数据判断每个组件或每个部件应降低多少成本。然后将这一工作重复一遍，以保证在设定组件和部件的目标成本后加总就可以得到产品的目标成本。通过为产品及其包含的零部件设定碳成本缩减目标，目标成本法就成为跨组织成本管理的约束机制。如果将目标成本系统串起来，也就是说将采购商和供应商的目标成本系统连接起来，目标成本法的作用就会从单一企业拓展到整个供应链中的企业。

3. 产品设计网络碳成本管理的路径整合

综上所述，供应链在采用以上方法设计与分解碳成本并最终达到目标碳成本的过程中，设计、材料、规格，甚至概念都可能被改变，供应链应该按照怎样的路径完成低碳化产品的设计与目标碳成本（或目标碳排放量）分解，目前尚无相关研究。本书则对目标成本法下常用的这些方法进行了有机的整合，对产品设计网络碳成本管理的目标碳成本实现路径进行了归纳和总结，如图5-6所示。

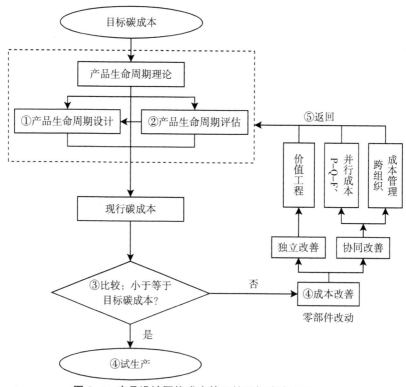

图5-6 产品设计网络成本管理的目标成本实现路径

从上述路径图 5-6 可知，产品设计网络成本管理的低碳化需在产品生命周期理论的指导下进行，具体步骤包括：

（1）通过产品生命周期设计预设产品生命周期的低碳化。进行产品生命周期设计，从原材料选用一直到产品的最终处置，所有环节都要按照低碳化客户需求、低碳产品所应具有的特征进行，通过此步骤，供应链设计人员初步可展示出产品的功能、质量及产品成本的初步碳预算。

（2）通过产品生命周期评估提出产品改进设计方案。生命周期评估（Life Cycle Assessment，LCA）起源于 20 世纪 60 年代化学工程中应用的"物质能量流平衡方法"。其理论基础是利用能量守恒原理和物质不灭定律，对产品生产和使用过程中的物质和能量的使用和消耗进行平衡计算。它作为正式的评价术语是由国际环境毒理和化学学会（Societyof Environmental Toxicology and Chemistry，SETAC）在 1990 年提出并给予定义和规范。

对产品的初步设计结果进行产品生命周期评估，包括清单分析、影响评价两步骤。其中，清单分析是指对产品、工艺或活动在其整个生命周期阶段的资源、能源消耗和向环境的碳排放进行数据量化分析；影响评价是指对产品在能源消耗、水资源消耗、原材料使用、二氧化碳排放等方面对环境的影响进行量化分析，以查核窗体的方式分析环境因素的影响。这一过程需要大量基础数据的积累和强有力的软件支撑。

（3）通过现行碳成本与可接受碳成本的比较找出碳成本差异。将通过产品生命周期评估的产品碳成本（即现行碳成本）与通过目标成本法自下而上分解、传递的可接受碳成本进行比较，如果可接受碳成本小于现行碳成本，说明在现有生产条件下，供应链有足够的能力将成本控制在目标成本之内，供应链各节点可投入试生产，若为大于，则说明供应链现有生产条件尚不能将成本控制在目标成本之内，二者之差即供应链碳成本的"设计差异"，需进一步采取措施予以消除。

（4）通过联合成本工具的成本挤压消除碳成本差异。供应链碳成本的"设计差异"即各节点的碳成本缩减任务可通过在产品设计网络中实施价值工程、P-Q-F、并行成本管理、跨组织成本管理等方法反复进行成本挤压，直至将成本降至目标成本之内。其中，价值工程的作用是实现节点企业的自我改善，其目标是使得产品的功能与成本相互匹配，去除多余功能，适用于任一节点零部件的独立成本改善；功能—价格—质量悖反（P-Q-F）法的作用是对零部件的成本进行供应链供采双方的协同改善，即当缩减任务不大时，供采双方在零部件价格、质量与功能之间进行"讨价还价"式的权衡，而后改变其中一项或两项以实现目标成本，其适用前提是采购商愿意放松对零部件的要求；按照 P-Q-F 的观点，目标成本法是一个动态过程。有时可能有必要暂时放松成本约束，才能使客户在市场中立足。并行成本管理法的作用是对零部件的成本进行供采双方的协同改善，即在商得供采双方同意后，各设计团队同时独立或联手进行设计生产，主要目标是通过缩短零部件的生产期降低成本；跨组织成本管理的作用是对最终产品的成本进行供采双方的协同改善，即在采用上述方法仍无法实现成本降低的目标时，供应链各环节的设计工程师会聚在一起，对最终产品的原有设计进行较大幅度的改动，共同寻找碳成本的降低途径。

（5）通过再比较，再挤压，实现产品低碳化目标。经过上述各成本改善措施实现碳成本的缩减任务后，供应链的产品设计成本再次返回到产品生命周期设计与评估环节，重新对产品的低碳化特征、直接成本进行评估、比较与判断，直至投入试生产或进行新一轮的成本挤压。

第四节　供应链效率维度碳成本动因与决策

供应链成本管理的生产—关系矩阵中最后一个决策区域所包含的问题是供应链效率维度的优化。效率的提高需要通过供应链内外部流程的同步优化实现，是在接受现有结构的基础上，寻找现有结构中的优化潜力。具体又可分为供应链外部效率优化（即界面优化）、供应链内部效率优化

（即内部流程优化），其主要方法有作业成本法（ABC）和改善成本法（Kaizen Costing）。因此，这一阶段成本管理的实质是在接受现有供应链结构和产品结构的前提下，寻找链间交易和内部流程降低碳排放的改进潜力，也就是在解决了生产什么样（What）的产品和由谁（Who）生产的前提下，如何（How）高效地生产的问题。

不难看出，供应链碳成本管理框架四个维度中客户维度、供应商维度、产品设计维度的研究，是以目标成本的确定（产品层目标碳成本）、分解（零部件层目标碳成本）与设计为线索顺序展开，提纲挈领，脉络清晰，起到了类似于搭建框架的作用，为整个供应链碳成本管理的研究夯实了基础。然而，仅仅有了这三个维度所做的成本管理基础工作，供应链目标碳成本仍无法实现，因为供应链目标碳成本最终还是需要通过提高链间成员的充分交流，以及各成员企业从自身内部流程的作业中挖掘降低碳成本的机会，才能真正将目标转换为现实。所以，究其实质，供应链成本管理的界面优化—关系维度是供应链目标碳成本所有举措得以实施的汇集处与落脚点，供应链企业只有从界面优化、内部流程进行自我改进，才能实现供应链碳成本最小化的终极目标。

一、效率维度碳成本"效率差异"分析

"效率差异"来自于供应链对自身碳排放控制能力的利用程度。"效率差异"是供应链所拥有的碳排放控制能力（即可接受碳排放）与现行产品设计所需的碳排放（现行碳排放）之间的差异，该差异反映了供应链企业对自身低碳设备与技术的利用程度，同时也显示了供应链碳成本管理中值得重视的资源利用效率问题，即供应链的碳排放能力虽然越高，应对市场低碳形式的能力也越大。但过多的碳排放控制能力也会造成闲置能力的浪费，无端增加碳成本，因此在效率维度应着重考虑如何决策才能使得供应链碳排放控制能力与目标碳排放相匹配，从而消除"效率差异"降低碳成本。

本书认为，在供应链碳成本管理矩阵的最后一个区域，影响供应链碳成本效率的因素可从以下两方面考虑：

一方面，供应链碳排放控制能力应该与目标客户的目标排放量需求配比。在低碳经济发展中，产品碳排放越低越具有市场竞争力。如前所述，购置低碳设备与技术可以提高供应链的碳排放控制能力，实现供应链低碳化目标。然而，低碳设备与技术过于先进或碳排放控制能力过强，超出供应链低碳化产品的目标碳排放需求时则形成剩余，也就是说生产能力闲置同样会加大供应链碳成本。与此同时，供应链在产品设计维度反复修改后的低碳化产品设计方案，由于已经可以实现目标客户的碳排放需求，则可以认为最终低碳化设计碳排放量已实现帕累托最优，即使供应链可以有更低的碳排放设计或者供应链现有低碳设备技术的碳排放控制力尚未完全发挥其作用，那么供应链也没必要将产品设计网络的低碳化设计方案进一步优化，所以过于先进的碳排放设备与技术也会形成资源浪费，使得供应链碳成本管理效率低下。

另一方面，供应链的界面优化、内部流程也会影响到供应链碳成本效率的高低。界面是否优化，取决于供应链与外界沟通的方式与工具，内部流程的优化会提高供应链生产资源的使用效率，减少资源浪费进而减少碳排放。

可见，供应链碳成本管理"效率差异"的消除可有两种途径：一是出售闲置生产能力；二是提高内部流程的资源使用效率。随后本书碳成本效率维度的内容将围绕这两种途径展开，从动因分析入手，提炼相关效率决策的决策因子，通过效率决策消除"效率差异"。

二、效率维度的动因分析

（一）供应链外部效率碳成本的动因分析

供应链碳成本外部效率的改善需通过界面优化实现。界面优化是指供应链外部流程之间信息交流的优化，也即供应链链间成员关系的优化。企业通常会利用信息技术完善供应链伙伴之间的信息沟通。良好的信息沟通系统对于企业组织内部、企业组织与组织之间知识的分享、应用和转移，将员工个体知识集聚为企业整体的知识有着极为关键的作用。界面优化是供应链提升低碳战略执行力的基础，供应链低碳战略能否得到有效执行，取决于低碳战略实施过程中供应链成员的低碳资源和能力能否得到有效协调，以及战略执行能否得到有效控制，而这一切取决于供应链低碳战略管理过程中的沟通效果。低碳经济发展模式下，供应链碳成本管理界面优化的作业主要包括信息系统建设、信息共享协议、信息系统日常运营作业等。

总之，界面优化作业本身的碳成本不多，但该类作业的有效实施会大大影响其他维度作业的碳成本，如高效的界面优化会使得供应链核心企业与供应商网络的交流高效，大大减少供应商维度的交易碳成本，与客户之间高效的实时交流，能帮助核心企业更好地把握市场变化与商机，提高客户满意度。总之，高效率就意味着交易碳成本的降低。

根据已有文献结合本书对效率维度碳成本的理解，外部效率维度相关作业对碳排放活动的映射总结如图5-7所示。

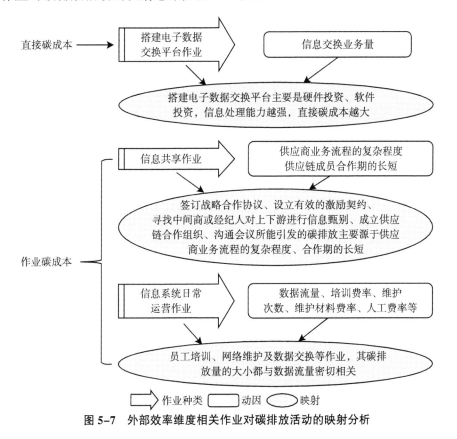

图5-7 外部效率维度相关作业对碳排放活动的映射分析

147

（二）供应链内部效率碳成本的动因分析

内部效率是实现供应链碳成本目标的基点，因此内部流程优化是控制碳成本的重要维度。分析供应链成员内部的生产流程有助于找出低碳优化的源头所在，内部职能部门间的高效沟通，也会为内部流程的生产、销售等作业带来高效率。

如前所述，跨组织成本管理是实现供应链低碳成本管理的指导性方法，但低碳的实现最终还要从供应链每个成员的内部低碳措施开始。从碳排放的形成看，只要耗用化石能源就会产生碳排放，这既包括直接耗用也包括间接耗用，比如生产过程动力通常消耗的是电力。从表面看，电力不是化石能源，耗电似乎不会引起碳排放，然而追根溯源之后，我们不难发现，此生产用电如果来自于火力发电，则生产用电应属于间接耗用化石能源，根据化石能源与电力之间的换算关系，很容易能换算出生产用电所对应的碳排放量。由此，我们可以得到一点启示：整个供应链流程中，所有直接或间接耗用化石能源的作业，如采购、生产、包装、运输、办公、销售、回收及末端治理等，都存在着减少碳排放、降低碳成本的机会。

根据已有文献结合本书对效率维度碳成本的理解，内部效率维度相关作业对碳排放活动的映射总结如图 5-8 所示。

三、效率维度碳成本决策因子分析

从上节分析可知，供应链碳成本的效率动因非常琐碎，但采用统计分析软件 SPSS17.0 归纳提炼（具体步骤同第四章第二节，因篇幅所限，此处略）之后，影响供应链碳成本效率的 "决策因子" 会得到提炼。

（一）供应链碳成本外部效率碳成本决策因子

采用统计分析软件 SPSS17.0 提炼后，供应链碳成本外部效率决策因子主要有两种：供应商合作时间长短、供应链成员间信息开放程度。

供应商合作时间长短——与供应商合作时间越久，彼此信任度越高，信息沟通越充分，所需签订合作协议的次数、设立有效契约的难度、寻求经纪人甄别信息的成本都会降低，从而降低供应链碳成本。

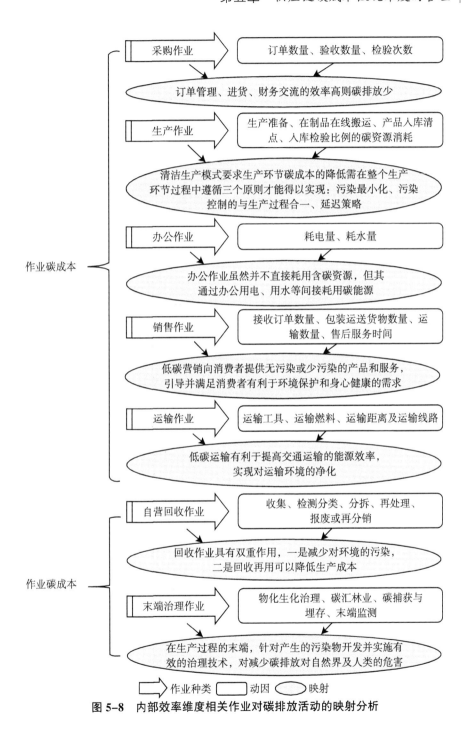

图 5-8 内部效率维度相关作业对碳排放活动的映射分析

供应链成员间信息开放程度——信息开放程度对供应链碳成本的影响是巨大的。我们知道，出于企业商业机密、个体私利的考虑，即使是供应链成员之间也难以保证彼此低碳化信息的完全开放，然而迟滞或封闭的信息给供应链造成的机会成本、资源浪费无疑会增加供应链碳成本协同管理与控制的难度，这要求供应链核心企业与供应商、销售商甚至客户之间必须建立起发达的信息化平台才能提高成员间的交流与沟通效率，其主要目标是减少不确定性和降低交易成本。此外，合作时间的长短也会影响到供应链信息化的开放程度，即合作时间越久供应链成员间的信任程度越高，信息开放程度也必然越高。

（二）供应链碳成本内部效率碳成本决策因子

同理，采用统计分析软件 SPSS17.0 提炼后，供应链碳成本内部效率决策因子主要有两种：供应链内部的信息化程度、供应链内部资源的利用程度。

供应链内部的信息化程度——供应链内部流程的信息化程度在供应链碳成本效率决策中也是举足轻重的，内部流程信息化程度高则各职能部门的生产经营信息能够及时交流，能够根据最新信息调整各自的经营方案，避免因时间差导致的信息拥堵、作业延迟，从而使供应链碳成本得以控制。

供应链内部资源的利用程度——供应链在确定了产品设计方案后，对碳成本的控制随之必然聚焦至内部流程的资源利用程度上，因为供应链在供应商维度、产品设计维度已经完成了对低碳化产品生产经营的规划。相对内部流程来说，客观层面的影响因素已经明确，而内部流程的影响因素则具有相当的主观不确定性。也就是说，内部流程中的资源是否得到充分利用是控制供应链碳成本的最后一步，成为影响供应链碳成本决策的重要因子。

四、效率维度碳成本的控制——"效率差异"的消除

"碳权差异"是供应链从所在区域政府获得的碳排放权（即年碳排放限额，"政策最大值"）与供应链目标碳排放量"市场最大值"之差导致的

碳成本差异，其中，负差异是需要消除的第三组供应链碳成本差异，也是本维度的控制目标。

基于上述碳成本"效率差异"、效率维度碳成本动因及决策因子分析，本书认为供应链效率维度碳成本的控制可通过供应链效率优化决策确定提高供应链成员之间界面优化、资源利用优化的程度，通过闲置生产能力处置决策避免资源浪费，从而消除供应链碳成本的"效率差异"，具体阐述如下：

（一）基于作业成本法的效率优化决策

效率决策是指通过提高供应链界面优化效率，即供应链内部经营手段消除"碳权差异"，从而控制供应链内部流程的直接碳排放量。

从碳排放交易市场购买碳排放权固然可以消除"碳权差异"，但毕竟会增加碳成本中的碳排放权成本。因此，基于作业成本法的界面优化、基于目标成本法的内部流程直接碳成本的控制才是实现目标碳成本的根本途径所在，并最终消除碳排放权成本差异。

在供应链中，各个供应链节点企业的需求预测、库存状况、生产计划等都是供应链管理的重要数据，这些数据分布在不同的供应链组织之间，电子数据交换（EDI）能够为供应链碳成本归类、高效的提供数据，并利用作业成本法将这些碳成本数据在产品间进行分配。

1. 效率优化决策——界面优化

界面优化主要解决的是组织之间的交易成本和效率问题。通过上述对供应链效率维度碳成本动因的分析与提炼，本书认为在信息化迅速发展的今天，供应链成员间的界面优化取决于彼此之间信息开放的程度。供应链成员间信息开放程度会直接影响到供应链之间的沟通效率，如果开放程度高，彼此信任，则沟通成本低，供应链碳成本随之降低，否则不然。

构建发达的信息化平台是解决界面优化问题的主要手段。目前常见的信息化主要有电子数据交换（EDI）等。电子数据交换（EDI）是电子商务（Ec）、有效消费者反应（ECR）、服务质量的快速响应（QR）等的先驱，尽管先期的和目前的大部分 EDI 应用系统不是基于 Internet 的，但是，EDI

的应用为电子的发展起到了举足轻重的作用。EDI 在 ISO 中的定义为：按照国际公认标准与商业或行政事务有关的数据文件（如订单、发票等）编制成结构化数据文本，并通过通信网络实现计算机到计算机的传输。EDI 的落脚点是交换，对简化贸易程序、规范业务流程有着重要意义：①可加快文件的传递速度，提高效率；②避免文档的重复录入，减少差错；③提高文档处理效率，缩短贸易周期；④降低文档处理的纸张及人工费用；⑤提高竞争地位，拓宽贸易领域。在低碳经济发展模式下，EDI 除提供财务数据外，还应对供应链每个节点企业的碳足迹进行持续追踪，这是 EDI 服务范畴的进一步拓展，EDI 成为能够全面计量供应链碳排放量的得力工具，从而为供应链碳成本的管理提供数据支持。

2. 效率优化决策——资源利用优化

通常情况下，供应链成员企业如果严格按照预先的产品设计方案组织生产经营，使供应链低碳资源得以充分合理的利用，减少浪费与废弃物，那么供应链碳成本必然会控制在目标碳成本之内。也就是说，供应链内部流程的碳成本是否实现效率优化的判断标准是资源是否被充分利用。

如何获取资源利用程度的信息？如何提高供应链内部流程的效率？如前所述，EDI 可以为供应链各节点企业提供大量低碳化信息，大量繁杂的信息只有经过科学的整理与归类，才能真正体现出作业与成本之间的因果关系。作业成本法正好具有这样的功能，也就是说供应链各节点企业通过EDI 交换、提供的碳排放信息，恰好是作业成本法所需要的碳成本数据的来源，利用这些数据，作业成本法就可以进行作业及其碳成本动因分析，将这些数据归类、整理，使得碳成本能够准确计入各产品的成本之中，最终为供应链碳成本管理提供决策依据。值得注意的是，作业成本法并不是要压缩预算，而是要使管理层注意控制碳成本来源以及增加碳成本的各种决策。这样，作业成本法就可以通过消除或减少增加碳排放的成本活动提高供应链的低碳盈利性。

可见，电子数据平台的搭建是界面优化的重要信息工具，而作业成本法则是对电子交换数据所传递的信息进行归类、分配的成本工具，供应链碳成本效率维度界面优化所做的决策无疑是将电子数据平台与作业成本法有机组合，从而使得供应链碳成本管理的效率得到很大提升。

（二）基于目标成本法的闲置生产能力决策

为实现供应链目标碳成本，供应链企业需要在所有会引起资源浪费的节点采取措施以降低损耗。如前所述，拥有先进的低碳设备与技术可以提高供应链的碳排放控制能力，实现供应链低碳化目标。然而，低碳设备与技术过于先进或碳排放控制能力过强，超出供应链低碳化产品的目标碳排放需求时则形成剩余。也就是说，生产能力闲置同样会加大供应链碳成本，并分摊至每个低碳化产品成本中，使得产品失去在碳成本上的竞争力。为此，供应链需要将闲置的低碳化设备进行处置，以节约资源降低碳成本。闲置设备的处置途径通常有出售和出租，供应链在出售与出租方案中决策，需要进行未来现金流量的合理估计，求出各自方案的净现值，选择净现值大者为优。

净现值（Net Present Value）是投资项目未来现金流的折现值与投资成本之间的差值，是投资方案的绝对值评估方法，净现值大于 0，则投资方案可行，小于 0 则从理论上讲不可行，但实际上可能会因供应链企业的战略性决策或者回避税收等原因而变得可行。净现值的计算公式如下：

$$NPV = \sum_{t=1}^{n} \frac{C_t}{(1+r)^t} - C_0$$

式中：NPV 表示净现值；C_0 表示初始投资额；C_t 表示 t 年现金流量；r 表示贴现率；n 表示方案期限。

如果将初始投资额看做第 0 年的现金流量，同时考虑到 $(1+r)0 = 1$，则上式可以变换为：

$$NPV = \sum_{t=1}^{n} \frac{C_t}{(1+r)^t}$$

（1）出售方案的 NPV。供应链将闲置低碳设备出售的现金流量通常包括：售价收入，即供应链出售闲置设备的售价，此处假设该收入于方案初始一次性收取；支付清理费用，即按照固定资产清理程序，清理中很可能

基于供应链视角的碳成本管理研究

还需支付一些清理费，如雇用临时人员拆卸、运输设备、清理现场所支付的工资；税金，即按照税法规定，企业清理固定资产净收益应纳入所得税计税范畴缴纳所得税。因此，出售方案的所得税支出也是现金流量的一部分。出售方案的现金流量大多发生在项目初期，在此，假设预计的现金流入在各年肯定可以实现，如图 5-9 所示。

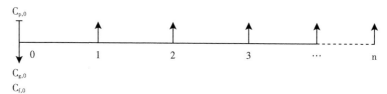

图 5-9 出售方案的现金流量

从图 5-9 可以看出，出售方案的现金流入、现金流出均集中发生在项目初期即第 0 期，净现值计算如下：

$$NPV = \sum_{t=1}^{n} \frac{C_t}{(1+r)^t} - C_0$$

$$= \frac{C_{p,t}}{(1+r)^t} - \sum \frac{C_{g,t} + C_{f,t}}{(1+r)^t}$$

式中：$C_{p,t}$ 表示低碳设备售价；$C_{g,t}$ 表演示清理费用；$C_{f,t}$ 表示支付的税金。

（2）出租方案的 NPV。供应链将闲置低碳设备出租的现金流量通常包括：租金收入，即供应链出租闲置低碳设备的租金，此处假设该收入于项目期的各年初分期收取；残值，即租期结束时收回的闲置设备残值，这部分残值大多已不能为企业带来经济效益，因此通常会变价出售形成现金流入；税金，即出租低碳设备所取得的租金收入按照税法规定应缴纳所得税，同时因出租低碳设备的风险与报酬尚留在出租方，仍然由出租方计提折旧，折旧抵税使得企业少交所得税形成现金流入，或者说形成负的现金流入。在此，假设预计的现金流入在各年肯定可以实现，出租方案的现金流量具体如图 5-10 所示。

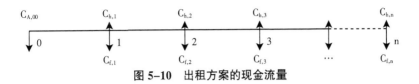

图 5-10　出租方案的现金流量

从图 5-10 可以看出，出租方案的现金流入、现金流出分布在各年，其中租金收入 $C_{A,t}$ 发生在各年期初且相等，具有预付年金特征，其现值计算可采用预付年金现值公式，则出租方案的净现值公式如下：

$$NPV = \sum_{t=1}^{n} \frac{C_t}{(1+r)^t} - C_0$$

$$= C_{A,t} + \frac{(C_{A,t} + C_{h,t}) \times [1 - (1+i)^{-n+1}]}{i} - \sum \frac{C_{f,t} \times [1 - (1+i)^{-n}]}{i} + \frac{C_{k,t}}{(1+i)^n}$$

$$= C_{A,t} + C_{A,t} \times P/A(i,\ n-1) - C_{f,t} \times P/A(i,\ n) + C_{k,t} \times S(i,\ n)$$

式中：$C_{A,t}$ 表示低碳设备年租金收入；$C_{h,t}$ 表示折旧抵税；$C_{f,t}$ 表示支付的税金；$C_{k,t}$ 表示残值；P/A $(i,\ n)$ 表示普通年金现值系数；P/A $(i,\ n-1)$ 表示预付年金现值系数；S $(i,\ n)$ 表示复利现值系数。

此外，在出售与出租决策中有两点需强调：①从理论上讲，两个方案也存在机会成本，包括闲置低碳设备出售收入与租金收入互为两个方案的机会成本、闲置低碳设备从事生产产生的利润。然而，两种机会在低碳成本决策时具有共同成本特征，因此属于无关成本，应予以抵消。②在采用净现值进行方案决策时，除要分析现金流量外，贴现率的选择也很重要，目前主要有资金成本、企业要求的最低资金利润两种方法，若低碳投资项目存在不同阶段有不同风险，则应分阶段采用不同折现率进行折现，在此不再赘述。

第五节　本章小结

本章从四个微观维度对供应链碳成本的动因、决策因子及决策方法进行讨论。

客户维度分析了"供应链碳成本碳权差异"的形成与消除，主要通过两种决策实现：一是通过低碳化的客户分类使得供应链碳成本管理从源头寻找到降低碳成本的机会，从而消除"碳权差异"，制定出更加合理的客户管理决策；二是根据研究目的以及目前国际上采用较多的边际减排成本理论，在安崇义（2012）对日本国立环境研究所开发的 AIM-Enduse 模型中加入了供应链成员间的交易成本，构建了供应链产品层目标碳成本模型，提出通过边际碳成本与社会平均减排成本的比较做出外购碳权决策，以消除"供应链碳权差异"。

供应商维度分析了"供应链碳成本能力差异"的形成与消除，主要通过制定低碳化供应商的评价标准、构建低碳投资决策模型来实现。本书所建立的低碳化供应商选择评价标准既考核供应商当前的碳足迹与碳中和，也评价供应商在低碳经营方面的努力程度和低碳潜力，如此有利于供应链核心企业甄选和培养出能够实现长期低碳战略合作的伙伴，构建低碳化生产网络，从而为供应链碳成本的管理与控制创造出较好的生产环境。与此同时，本书认为"供应链能力差异"的消除也可以通过供应链低碳设备与技术投资决策得以实现，将供应链自身更新改造后的减排效率即企业实现节能的单位碳成本与社会平均减排成本做比较加以决策，若自行更新改造的碳成本高于社会平均减排成本，则供应链自行减排得不偿失，放弃减排，反之则应选择自行更新改造降低碳排放成本。

产品设计维度主要讨论了"供应链碳成本设计差异"的形成与消除，

该差异需通过构建低碳化产品设计网络、整合低碳化产品设计管理路径实现。低碳化产品设计网络的构建需要在对供应商、客户进行低碳化分类的基础上选择符合供应链低碳发展战略目标的供应商与客户参与到产品设计中，以便从设计源头控制碳成本。低碳化产品设计管理路径部分包括设计路径、分解路径及整合，本书认为供应链碳成本管理应以目标碳成本与现行碳成本的差异即"供应链碳成本设计差异"的消除为核心，经过独立改善（如价值工程）、协同改善（P–D–F、并行成本、跨组织成本管理）等成本改善方法，逐渐消除该差异，进而实现目标碳成本。

效率维度讨论的是"供应链碳成本效率差异"的形成与消除，效率差异的形成主要源于供应链成员之间的沟通效率、供应链碳排放控制能力资源的利用率较低，因此本书认为该差异的消除可通过效率优化决策、低碳资源闲置能力的利用决策实现。效率优化是指供应链成员间信息沟通效率的优化，充分的沟通可以避免不必要的资源浪费，EDI是目前认可度较高的界面优化手段，而将闲置低碳资源出租或出售则是减少资金浪费的常见路径。为此，本书较为详尽的讨论了闲置低碳资源出租或出售的决策模型及其适用情形。

第六章 研究结论与展望

第一节 研究结论

至此，本书通过对供应链碳成本管理二维五度框架的构建及分析，得出以下结论。

一、供应链碳成本管理需从宏观、微观两个层面进行

供应链目标碳成本管理要从宏观、微观两个层面进行才能取得供应链碳成本全面控制与实现的效果。这是因为从宏观层面分析影响碳成本的动因，能够事先将许多与供应链企业自身拥有的生产能力相匹配的碳成本因素控制在一定范围内，从而减少微观维度控制碳成本的复杂性。也就是说，供应链碳成本各组成要素的大部分已经在供应链碳成本宏观层面的战略决策中确定，即通过战略性成本动因分析确定整个供应链的可接受碳成本，为微观维度目标碳成本的实现策略，如成本差异的形成与消除提供比较基础。与此同时，微观维度的碳成本管理则是在战略性成本控制的基础上，对目标碳成本进行控制的战术性措施，是对战略性碳成本策略的实质性补充。正如本书所述，只有通过客户维度、供应商维度、产品设计维度

及效率维度等维度的动因分析与协同改善，才能将目标碳排放量与可接受碳排放量之间、目标碳排放量与现行碳排放之间、目标碳排放量与年碳排放量限额之间的碳排放量差异消除，最终实现目标碳成本。因此，供应链目标碳成本控制需从宏观、微观两个层面进行，否则再宏大的战略也会落空。

二、碳成本动因分析是供应链碳成本管理的理论基础

供应链碳成本动因分析是进行供应链碳成本管理的基础，通过供应链各维度碳成本动因的分析，可以实现两个目的：①识别各维度碳排放动因，提炼碳成本决策因子。供应链只有在分析并明确了影响供应链碳成本发生的成本动因之后，才能有针对性地制定出相应的碳成本决策方案。②合理估计并控制各维度碳成本，一切成本的发生都是其动因所致，控制动因便控制了成本的发生。为保证供应链各维度经营活动的正常进行，难免会引发碳资源的耗费。同一项活动通常有不同的方式以供选择，耗用的碳资源也各不相同，通过分析该项活动的成本动因，可以确定和比较不同选择方式下碳资源消耗量引发的碳成本（或碳排放量），进而选择碳成本较低者为优，为目标碳成本的最终实现奠定基础。

三、碳排放量是供应链碳成本的计量基础

从目前世界各国对碳排放的管理手段看，碳成本的计量大多以碳排放量为基础，如碳税成本等于碳排放量与碳税税率的乘积，碳排放权成本等于购买的碳排放量与碳价的乘积等，其中碳税税率是由政府制定，碳价是由碳排放权交易市场的交易情形来定。也就是说，由于供应链自身无法对碳税税率、碳价施加影响，对碳成本的控制几乎可以说就等于碳排放量的控制，只要碳排放量控制在了较低的水平，碳成本基本上也就控制在了较低的水平。与此同时，与传统的供应链成本管理相比，在供应链碳成本管理中，可接受碳排放量、目标碳排放量、现行碳排放量及年度碳排放量限额等指标之间的差异与制约关系，使得供应链碳成本管理决策的方法与难易程度有所不同。因此，本书以碳排放这一实物量指标作为碳成本的计量

基础，展开对碳成本的研究。

四、供应链碳成本管理的实质是"碳排放成本差异"的形成与消除过程

目标碳排放量与宏观维度的可接受碳排放量之间、目标碳排放量与现行碳排放之间以及目标碳排放量与年碳排放量限额之间分别形成三种碳排放量差异，本书称之为"供应链碳排放差异"，也可称之为"供应链碳成本差异"。这四种差异的存在意味着如果供应链所拥有的碳排放权额度、碳排放控制能力以及现有产品设计所引发的碳排放量不能满足生产目标产品所需的碳排放水平，则供应链目标产品的生产经营将不能正常进行。因此，供应链碳成本管理必须以消除"供应链碳成本差异"为目标，即能力差异、设计差异、碳权差异、效率差异决定了供应链碳成本管理与传统供应链成本管理有着本质的区别，供应链碳成本管理的实质是碳排放成本差异的形成与消除过程。

第二节 本书的创新性及研究展望

一、构建了供应链碳成本管理二维五度的研究框架

本框架所指的二维是宏观与微观维度，五度则分别是宏观的碳排放控制能力维度、微观的客户维度、供应商维度、产品设计维度及效率维度。二维五度框架是在对 Securing（2001）提出的供应链成本管理"生产—关系—成本"三维框架从微观层面进行了较为深入探讨的基础上，对其产品和网络区域、生产和网络区域、产品设计与网络区域、流程优化区域四个区域整合而成，较为深入地探讨了它们之间的联动关系，提出了供应链碳

成本管理的四种"碳排放差异"概念，构建并讨论了消除每种差异的决策模型与方法，较为全面地论述了降低碳成本的管理策略，为我国低碳经济的发展提供了具有一定参考价值的新路径。

二、提出了"供应链碳成本差异"的概念，为供应链碳成本管理提供了理论线索

能力差异、设计差异、碳权差异、效率差异的形成与消除过程，是本书借以进行供应链碳成本管理的路径。目标碳排放量与宏观维度的可接受碳排放量之间、目标碳排放量与现行碳排放之间以及目标碳排放量与年碳排放量限额之间分别形成这四种"供应链碳排放差异"，这些差异意味着如果供应链所拥有的碳排放权额度、碳排放控制能力以及现有产品设计所引发的碳排放量不能满足生产目标产品所需的碳排放水平，那么，供应链目标产品的生产经营将不能正常进行，研究这四种差异的形成与消除有利于厘清供应链碳成本管理的研究线索及最终实现目标碳成本的路径。

三、提出了低碳化供应商网络构建的低碳化水平评价标准

本书在继承传统供应商选择标准的基础上，提出了供应商低碳水平评价原则、标准，为供应链低碳化生产网络的建立与分工提供了决策的依据。其中，评价原则具体包括实物计量原则、可持续发展原则、努力程度原则等；评价标准则在传统评价方法的基础之上，重点考量供应商的碳排放水平、低碳资质及低碳发展潜力。

四、提出了供应链碳成本管理的路径

本书在对各维度供应链碳成本进行动因分析的基础上，采用因子分析法将碳成本动因进行决策因子提炼，然后以此构建相应的碳成本决策标准或模型，包括低碳化客户分类决策标准、碳权决策模型、低碳化供应商评价标准、低碳设备投资决策模型、产品设计网络选择标准、产品设计网络碳成本管理路径以及闲置生产能力利用决策等，从而为碳成本决策提供决

策依据和管理路径。

　　本书的研究成果梳理了供应链碳成本管理的研究线索及控制实现目标碳成本的路径，提出了供应链碳成本管理的理念和碳成本管理的系列决策方法，较为全面地论述了降低碳成本的管理策略，具有一定的理论与实践参考价值。然而由于本人的研究水平、研究时间及篇幅的限定，本书尚有以下研究有待进一步展开：对本书所提出的碳成本概念及组成、动因分析及决策进行案例分析。尽管本书在讨论供应链碳成本的控制手段时，充分利用现有供应链成本管理方法，力求进行全面的、多层次的分析与推导，但由于低碳经济发展尚处于初期，碳成本的相关理论与实践都还处于探索阶段，碳排放数据的获得尚存在一定的难度，这就使得本书的研究缺乏实证数据的支持而不能加以验证，难免会影响研究结论的可靠性。

参考文献

［1］Pigou, A.C. The Economics of Welfare ［M］. London: Macmillan, 1920.

［2］Berliner, Callieand, James, A. Brimson, eds. Cost Management for Today's Advaneed Manufaeturing, The CAMI Coneeptual Design ［M］. Boston: Harvard Business School Press, 1988.

［3］Cooper, Kaplan. How Cost Berliner, Callieand, James, A Distorts Product Cost ［J］. Management Accounting, 1988（3）: 20-27.

［4］Cooper, Kaplan. How Cost Accounting Distorts Product Cost ［J］. Management Accounting, 1988（3）: 20-27.

［5］Raffish, Norm. How Much Does That Product Really Cost［J］. Management-Accounting, 1991（3）: 38-40.

［6］Brimson, J.A. Activity Accounting, An Activity-based Costing Approach ［J］. John Wiley & Sons Inc, 1991.

［7］SETAC. Environmental Life Cycle Management ［R］. Ot tawa: Environment Canada, 1992.

［8］Nicholas Dopuch. A Perspective on Cost Drivers ［J］. The Accounting Review, 1993, 68（3）: 615-620.

［9］Yair M. Babad, Bala V. Balachandran. Cost Driver Optimization in Activiy-Based Costing ［J］. The Accounting Review, 1993, 68（3）: 562-575.

［10］Rajiv D. Banker, Holly H. Johnston. An Empirical Study of Cost

Drivers in the U.S. Airline Industry [J]. The Accounting Review, 1993, 68 (3): 576-601.

[11] Srikant M. Datar, Sunder Kekre, Tridas Mukhopadhyay, Kannan Srinivasan. Simultaneous Estimation of Cost Drivers [J]. The Accounting Review, 1993, 68 (3): 602-614.

[12] Shank, Govindarajan. Strategic Cost Management-the New Tool for Competitive Advantage [M]. New York: Free Press, 1993.

[13] Feremna, 1. The Measurement of Environment and Resource Values: Theories and Methods [J]. Resources for the Future, Washington, DC., 1993 (98).

[14] Seidenschwarz, W., Niemand, S. Zuliefererintegration. Im. Markto-rientierten Zielkosten Management [J]. in: Controlling, 1994 (5): 262-270.

[15] ICF Incorporated.Full Cost Accounting for Decision Making at Ontario Hydro: A Case Study [J]. USEPA, 1996 (1): 26-32.

[16] Ansari, S. L, Bell, J.: Target Costing The Next Frontier in Strategic Cost Management [M]. Chicago: Irwin Professional Publishing, 1997.

[17] Dornier, Ph.-P., Ernst, R., Fender, M., Kouvelis, P.Global Operations and Logistics-Text and Cases [J]. Jonh Wiley &Sons Inc., New York, New York Press, 1998.

[18] Cooper, R., Slagmulder, R.Supply Chain Development for the Lean Enterprise Interorganizational Cost Management [M]. Productivity Press, Portland, 1999.

[19] Handfield, R.B., Nichols, E.L. Introduction to Supply Chain Management [M], Prentice Hall: Upper Saddle River, New Jersey, 1999.

[20] Cooper, R., Slagmulder, R. Supply Chain Development for the Lean Enterprise-Interorganisational Cost Management [M]. Portland: P roductivity Press, 1999.

[21] Seuring, S.Optortunities through Cost Management-The Example of

the Supply Chain for Eeo−Products in the Apparel Industry［J］. Umweltwirtse-haftsforum，1999，7（4）：18-23.

［22］ Supply Chain Council. Supply Chain Operations Referenee−Model
［J］. Overview Version，2000，6（1）：4-14.

［23］ Kajuter，P. Proactive Cost Management［M］. Theoretical Concept
and Empirical Evidence. Verlag Gable/DUV，Wiesbadcn，2000.

［24］ Lokamy，Smith. Target Costing for Supply Chain manangement：An
Economic Framework［J］，The Journal of Corporate Accounting & Finance，
2000，12（1）：67-78.

［25］ Seuring，S.A Framework for Green Supply Chain Costing. A Fashion
Industry Example［M］. New York：Free Press，2001.

［26］ Painuly，Jyoti P.. The Kyoto Protocol，Emissions Trading and the
CDM：An Analysis from Developing Countries Perspective［J］. Energy Journal，
2001，22（3）：147-169.

［27］ Edwin Woerdman. Emissions Trading and Transaction Costs：Analyz-ing the Flaws in the Discussion［J］. Ecological Economics，2001，38（2）：
293-304.

［28］ Painuly，Jyoti，P. The Kyoto Protocol，Emissions Trading and the
CDM：An Analysis from Developing Countries Perspective［J］. Energy Journal，
2001，22（3）：147-169.

［29］ Rebitzer，G. Integrating. Life Cycle Costing and Life Cycle Assess-ment for Managing Costs and Envirenment Impacts in Supply Chains［J］. CJost
Management in Supply Chains，Springer Press Ltd，2002.

［30］ Goldbaeh，M.Organisational Settings In Supply Chain Costing［J］.
Cost Management in Supply Chains，Springer Press Ltd，2002.

［31］ Hines，R，Silvi，R.，Bartolini，M.& Raschi A. A Framework
Extending Lean Accounting into a Supply Chain［J］. Cost Management in
Supply Chains，Springer Press Ltd，2002.

［32］ Greenhouse Gas Emissions Trading and Project－Based Mechanism ［M］. OECD Publishing, 2003.

［33］ Scott E. Atkinson, Brian J. Morton. Determining the Cost－Effective Size of an Emission Trading Region for Achieving an Ambient Standard ［J］. Resource and Energy Economics, 2004, 2（3）: 295–315.

［34］ Copeland, Brian R., and M. Scott Taylor. Free Trade and Global Warming: A Trade Theory View of the Kyoto Protocol ［J］. Journal of Environmental Economics and Management, 2005, 4（5）: 205–234.

［35］ Klaassen, Ger, Andries Nentjes, and Mark Smith. Testing the Theory of Emissions Trading: Experimental Evidence on Alternative Mechanisms for Global Carbon Trading ［J］. Ecological Economics, 2005, 5（7）: 47–58.

［36］ Veld, Klaas van't & Andrew Plantinga. Carbon Sequestration or Abatement? The Effect of Rising Carbon Prices on the Optimal Portfolio of Greenhouse－gas Mitigation Strategies ［J］. Journal of Environmental Economics and Management, 2005（50）: 59–81.

［37］ Bruneau, Joel F. Inefficient Environmental Instruments and the Gains from Trade ［J］. Journal of Environmental Economics and Management, 2005（49）: 536–546.

［38］ Copeland, Brian R. & M. Scott Taylor. Free Trade and Global Warming: A Trade Theory View of the Kyoto Protocol ［J］. Journal of Environmental Economics and Management, 2005（49）: 205–234.

［39］ Walters K. Certified Green ［J］. Business Review Weekly, 2006（11）: 39–40.

［40］ Lund, Peter. Impacts of EU Carbon Emission Trade Directive Onenergy－intensive Industries－Indicative Micro－economic Analyses ［J］. Ecological Economics, 2007（63）: 799–806.

［41］ Subramanian, Ravi, Sudheer Gupta, and Brian Talbot. Compliance Strategies under Permists for Emissions ［J］. Production and Operations Management, 2007, 16 (6): 26-31.

[42] Scharlemann J. P. W., Laurance W. F. How Green Are Biofuels? [J]. Science, 2008, 319 (58): 43 -44.

[43] Mandell, Svante. Optimal Mix of Emissions Taxes and Cap -and-trade [J]. Journal of Environmental Economics and Management, 2008 (56): 131-140.

[44] Engels A.The European Emissions Trading Scheme: An Exploratory Study of How Companies Learn to Account for Carbon [J]. Accounting, Organizations and Society, 2009, 34 (1): 488-498.

[45] Larry Lohmann. Toward a Different Debate in Environmental Accounting: The Cases of Carbon and Cost-benefit[J]. Accounting, Organizations and Society, 2009 (34): 499-534.

[46] Michael Gillenwater, Clare Breidenich.Internalizing Carbon Costs in Electricity Markets: Using Certificates in a Load Based Emissions Trading Scheme [J]. Energy Policy, 2009, 37 (1): 290 -299.

[47] Jeff Pope, Anthony D.Owen. Emission Trading Schemes: Potential Revenue Effects, Compliance Costs and Overall Tax Policy Issues [J]. Energy Policy, 2009, 37 (11): 4595-4603.

[48] Castro, Paula and Axel Michaelowa. The Impact of Discounting Emission Credits on the Competitiveness of Different CDM Host Countries [J]. Ecological Economics, 2010 (70): 34-42.

[49] Bing Zhang, Yongliang Zhang, Jun Bi. An Adaptive Agent -Based Modeling Approach for Analyzing the Influence of Transaction Costs on Emissions Trading Markets [J]. Environmental Modelling & Software, 2011, 26 (4): 482-491.

[50] Myunghun Lee. Potential Cost Savings from Internal/External CO_2 Emissions Trading in the Korean Electric Power Industry [J]. Energy Policy, 2011, 39 (10): 6162-6167.

[51] 胡鞍钢，正毅. 生存与发展 [M]. 北京：科学出版社，1989.

[52] 国家计划委员会，国家科学技术委员会. 中国 21 世纪议程 [M]. 北京：中国环境科学出版社，1994.

[53] 佘绪缨. 以 ABC 为核心的新管理体系的基本框架 [J]. 当代财经，1995（2）：54–56.

[54] 皮尔斯·沃福德. 世界无末日——经济学环境与可持续发展 [M]. 张世秋等译. 北京：中国财政经济出版社，1996.

[55] 世界银行. 碧水蓝天：展望 21 世纪的中国环境 [M]. 云萍，祁忠译. 北京：中国财政出版社，1997.

[56] 王化成，杨景岩. 试论战略管理会计 [J]. 会计研究，1997（10）：46–49.

[57] 张坤民.可持续发展论 [M]. 北京：中国环境科学出版社，1997.

[58] 陈胜群.论日本成本管理的代表模式——成本企划[J]. 会计研究，1997（4）：46–47.

[59] 托马斯·约翰逊，罗伯特·卡普兰. 管理会计的兴衰 [M]. 候本领，刘兴云译. 北京：中国财政经济出版社，1998.

[60] 弗雷德·R. 戴维. 战略管理 [M]. 李克宁译. 北京：经济科学出版社，1998.

[61] 迈克尔·波特. 竞争优势 [M]. 夏忠华译. 北京：中国财政经济出版社，1988.

[62] 赵立三，王丹. 关于成本动因问题的理论探讨 [J]. 会计研究，1998（6）：11–17.

[63] 王立彦，尹春艳，李维刚. 我国企业环境会计实务调查分析 [J]. 会计研究，1998（8）：19–23.

[64] 罗伯特·卡普兰等. 高级管理会计 [M]. 吕长江译. 大连：东北财经大学出版社，1999.

[65] 肖海军. 环境保护法实例说 [M]. 长沙：湖南人民出版社，1999.

[66] 王平心等. 作业成本计算——作业管理及其在我国应用的现实性

［J］．会计研究，1999（8）：37-40．

　　［67］陈志祥，马士华．供应链管理与基于活动的成本控制策略［J］．工业工程与管理，1999（5）：32-36．

　　［68］西南财经大学会计研究所．论战略成本动因与企业扩张战略探索［J］．四川会计，1999（8）：5-11．

　　［69］朱云，陈工孟．作业成本法在香港应用的调查分析［J］．会计研究，2000（8）：60-65．

　　［70］夏宽云．战略成本管理及其模式与方法［J］．外国经济与管理，2000，22（2）：43-48．

　　［71］夏宽云．战略成本管理［M］．上海：立信会计出版社，2000．

　　［72］胡奕明．ABC_ABM 在我国企业的自发形成与发展［J］．会计研究，2001（3）：33-38．

　　［73］乐艳芬．无形成本动因和企业竞争优势［J］．财会研究，2000（5）：47-48．

　　［74］刘冀生．企业经营战略［M］．北京：清华大学出版社，2000．

　　［75］蓝伯雄，郑小娜，徐心．电子商务时代的供应链管理［J］．中国管理科学，2000，8（3）：127．

　　［76］汤姆森·斯迪克兰德．战略管理［M］．段盛华等译．北京：北京大学出版社，2000．

　　［77］大卫·J.科利斯等．公司战略［M］．王永贵等译．大连：东北财经大学出版社，2000．

　　［78］徐新华，吴忠标，陈红．环境保护与可持续发展［M］．北京：化学工业出版社，2000．

　　［79］蒋尧明．构建环境会计学的理论框架［J］．财经问题研究，2000（4）：46-51．

　　［80］林万祥．成本论［M］．北京：中国财政经济出版社，2001．

　　［81］焦跃华，袁天荣．论战略成本管理的基本思想与方法［J］．会计研究，2001（2）：40-43．

［82］王刊良，苏秦．利用作业成本法进行供应商的选择与评价［J］．计算机集成制造系统-CIMS，2001，7（7）：53-57.

［83］周文豪．企业生产成本与交易成本的统一［J］．财经科学，2001（5）：6-9.

［84］丁启叶，金帆．浅析作业成本动因［J］．财会月刊，2001（12）：21-25.

［85］王平心．作业成本计算理论与应用研究［M］．大连：东北财经大学出版社，2001.

［86］《管理会计应用与发展的典型案例研究》课题组．作业成本法在我国铁路运输企业应用的案例研究［J］．会计研究，2001（2）：31-39.

［87］许淑君，马士华．供应链企业间的交易成本研究［J］．工业工程与管理，2001（6）：25-31.

［88］徐瑜青，王燕祥，李超．环境成本计算方法研究：以火力发电厂为例［J］．会计研究，2002（3）：49-53.

［89］胡玉明．中国企业成本管理的制度变迁与解释［C］．中国会计与财务问题研讨会论文集，2002（4）：30-40.

［90］李安定．成本管理研究［M］．北京：经济科学出版社，2002.

［91］孟建民．中国企业绩效评价［M］．北京：中国财政经济出版社，2002.

［92］郑丹星，冯流，武向红．环境保护与绿色技术［M］．北京：化学工业出版社，2002.

［93］肖序．环境成本论［M］．北京：中国财政经济出版社，2002.

［94］林万祥，肖序．企业环境成本的确认与计量研究［J］．财会月刊，2002（6）：14-16.

［95］林金忠．论企业规模经济的四种形态［J］．经济科学，2002（6）：99-106.

［96］李定安．成本管理研究［M］．北京：经济科学出版社，2002.

［97］陈小龙，朱文贵，张显东．ABC 成本法在企业物流成本核算和管

理中的应用［J］.物流技术，2002（6）：14-18.

［98］余海宗.作业成本法在民航业的应用［J］.四川会计，2002（11）：13-15.

［99］日本国立环境研究所.AIM BOOK［EB/OL］.www.nies.go.jp/gaiyo/media_kit/16. AIM /AIMbook.html，2002.

［100］汪家常.精益成本管理［J］.经济管理，2003（3）：44-47.

［101］韩静.关于成本动因问题的思考［J］.经济师，2003（4）：23-24.

［102］于增彪，刘强.大庆钻井二公司的作业成本制度设计［J］.新理财，2003（6）：28-39.

［103］阎铭.作业成本法在现代船舶制造企业中的应用研究［J］.武汉理工大学学报（社会科学版），2003（4）：363-365.

［104］罗宾·库珀，罗伯特·卡普兰.成本管理系统设计教程与案例［M］.大连：东北财经大学出版社，2003.

［105］王同良等.国外油气科技发展战略研究［M］.北京：中国石油集团经济技术研究中心，2003.

［106］柳劲松，王丽华，宋秀娟.环境生态学基础［M］.北京：化学工业出版社，2003.

［107］周伟，罗晨雨.企业供应链管理的信息化［J］.价值工程，2003（1）：45-32.

［108］郝云宏，孙小丽.供应链中的成本管理［J］.管理世界，2003（2）：130-131.

［109］唐·R.汉森，玛利安娜·M.莫文.成本管理——决算与控制［M］.北京：中信出版社，2003.

［110］孙茂竹，姚岳.成本管理学［M］.北京：中国人民大学出版社，2003.

［111］桂良军.供应链成本集成研究［J］.科学学与科学技术管理，2004（9）：109-114.

［112］孙燕芳.作业成本动因分析在采油厂成本管理中的应用研究［J］.

石油大学学报（社会科学版），2004，20（3）：16-19.

[113] 吴杰民. 公司作业成本法应用实证分析 [J]. 会计之友，2004（1）：6-7.

[114] 连桂兰. 如何进行物流成本管理 [M]. 北京：北京大学出版社，2004.

[115] 王群. 价值链分析中作业成本法的应用 [J]. 中央财经大学学报，2004（6）：73-77.

[116] 科茨. 管理计划与控制 [M]. 北京：机械工业出版社，2004.

[117] Stefan Seuring Maria Goldbach. 供应链成本管理 [M]. 郭晓飞译. 北京：清华大学出版社，2004.

[118] 邱妘. 作业成本法与剩余生产能力管理 [J]. 会计研究，2004（4）：67-70.

[119] 桂良军，薛恒新，黄作明. 供应链成本集成研究 [J]. 科学学与科学技术管理，2004（9）：109-114.

[120] 万寿义. 现代企业成本管理研究 [M]. 大连：东北财经大学出版社，2004.

[121] 菲力普·科特勒. 营销管理 [M]. 上海：上海人民出版社，2004.

[122] 刘晓，李海越，王成恩，储诚斌. 供应商选择模型与方法综述 [J]. 中国管理科学，2004（2）：139-148.

[123] 高鹏飞，陈文颖，何建坤. 中国的二氧化碳边际减排成本 [J]. 清华大学学报（自然科学版），2004（9）：1192-1195.

[124] 殷俊明，王平心，吴清华. 成本控制战略之演进逻辑基于产品寿命周期的视角 [J]. 会计研究，2005（3）：45-50.

[125] 李秉祥，许丽. 供应链成本控制方法研究 [J]. 当代财经，2005（2）：126-129.

[126] 桂良军. 供应链成本管理理论基础和方法研究 [J]. 会计研究，2005（4）：51-55.

[127] 金莹. 基于交易成本经济学的企业外包业务分析 [J]. 经济与管

理，2005（8）：88-90.

[128] 杨国亮. 论规模经济的本质 [J]. 生产力研究，2005（9）：10-12，26.

[129] 苏武俊. 交易成本与制度创新 [J]. 财经理论与实践，2005（9）：7-11.

[130] 爱德华·布洛克，孔·陈，托马斯·林. 战略成本管理 [M]. 北京：人民邮电出版社，2005.

[131] 杨继良. 国外作业成本法推行情况的调查综述 [J]. 会计研究，2005（7）：81-85.

[132] 肖永辉，王政力. 试论战略成本动因的内在联系及其分析的基本思路 [J]. 黑龙江对外经贸，2005（3）：68-69.

[133] 安皓昱. 战略成本动因与企业成本决策 [J]. 合作经济与科技，2005（9）：16-17.

[134] 杨清河. 战略成本动因控制研究 [J]. 北方经贸，2005（2）：12-13.

[135] 雷星晖. 如何获得可靠的供应链成本信息——作业成本法的应用研究 [J]. 现代管理科学，2005（11）：14-15.

[136] 赵灵章. 从成本动因看战略成本管理的竞争优势 [J]. 会计之友（上旬刊），2006（8）：11-12.

[137] 赫尔曼·E. 戴利. 超越增长：可持续发展的经济学 [M]. 上海：上海译文出版社，2006.

[138] 何军飞. 风力发电清洁发展机制项目案例分析 [J]. 中国电力，2006（9）：28-31.

[139] 任浩，谢福泉. 供应商关系管理：反向营销和反向拍卖 [J]. 价格理论与实践，2006（10）：71-72.

[140] 桂良军. 供应链成本管理研究 [M]. 上海：中国经济出版社，2006.

[141] 殷俊明，王平心，王晨佳. 供应链成本管理：发展过程与理论结构 [J]. 会计研究，2006（10）：44-49.

［142］张蕊．作业成本法在卷烟制造业成本核算中的应用研究［J］．会计研究，2006（7）：59-94．

［143］胡民．基于交易成本理论的排污权交易市场运行机制分析［J］．理论探讨，2006（5）：83-85．

［144］赵海霞．试析交易成本下的排污权交易的最优化设计［J］．环境科学决策，2006（5）：45-47．

［145］赵全民．企业竞争优势的根源——规模经济及其形成机制研究［J］．财经理论与实践，2007（3）：82-86．

［146］于立宏，郁义鸿．基于纵向差异化的价值创新战略［J］．经济管理，2007（1）：43-48．

［147］刘学敏．基于可持续发展认识的当代经济学定理的相对性［J］．人口资源与环境，2007（1）：11-13．

［148］鲍新中，刘小军．供应链成本管理的基础理论与方法研究［J］．供应链管理，2007，26（4）：66-69．

［149］李静．基于供应商管理的制造业企业成本控制［D］．北京交通大学博士学位论文，2008．

［150］谢福泉．供应链产品设计成本管理研究［J］．现代管理科学，2008（12）：96-98．

［151］Saurav Dutta．碳排放成本的扩展价值分析［J］．财会通讯（综合版），2008（3）：24-27．

［152］邓厚平．战略成本动因协同管理研究［J］．华北电力大学学报（社会科学版），2009（6）：45-50．

［153］邹骥．中国实现碳强度削减目标的成本［J］．环境保护，2009（24）：26-27．

［154］曹静．走低碳发展之路：中国碳税政策的设计及CGE模型分析［J］．金融研究，2009（12）：19-29．

［155］周志方，肖序．国外环境财务会计发展评述［J］．会计研究，2010（1）：79-86．

[156] 邓明君，罗文兵.日本环境管理会计研究新进展——物质流成本会计指南内容及其启示 [J].会计研究，2010（2）：90-94.

[157] 杨洁.基于低碳经济视角的企业战略成本管理[J].财务与金融，2010（4）：55-58.

[158] 宁宇新.低碳时代的碳成本及其管理研究 [J].生产力研究，2010（11）：98-99.

[159] 金锁.电力企业低碳成本管理的研究 [J].经营管理者，2010（20）：169.

[160] 张友国.经济发展方式变化对中国碳排放强度的影响 [J].经济研究，2010（4）：45-53.

[161] 王锋，吴丽华，杨超.中国经济发展中碳排放增长的驱动因素研究 [J].经济研究，2010（2）：123-136.

[162] 王虎超，夏文贤.排放权及其交易会计模式研究 [J].会计研究，2010（8）：16-22.

[163] 袁广达.基于环境会计信息视角下的企业环境风险评价与控制研究 [J].会计研究，2010（4）：34 -41.

[164] 孙传旺.碳强度约束下中国全要素生产率测算与收敛性研究 [J].金融研究，2010（6）：17-33.

[165] 殷俊明，王跃堂.供应链成本控制：价值引擎与方法集成 [J].会计研究，2010（4）：65-73.

[166] 战子玉.降低供应链成本的策略分析 [J].财会研究，2010（1）：44-46.

[167] 马洪章.面向产品的供应链成本核算体系构建研究 [J].经营管理者，2010（11）：211-212.

[168] 冉秋红，丁磊磊，熊海霞.供应链战略成本管理探讨 [J].财会通讯，2010（18）：101-103.

[169] 杨蓓.适应低碳经济的企业碳排放成本模型[J].西安交通大学学报（社会科学版），2011（1）：44-47.

[170] 李莉. 碳排放成本对我国石油供应链超额利润获取影响研究——基于夏普利博弈模型的分析 [J]. 中国流通经济, 2011 (1)：36-40.

[171] 罗喜英, 肖序. 基于低碳发展的企业资源损失定量分析及其应用 [J]. 中国人口, 资源与环境, 2011 (2)：36-40.

[172] 刘婷. 低碳经济下碳排放成本内部化理论与实务探讨 [J]. 会计之友, 2011 (14)：68-69.

[173] 赵珊珊. 国际碳排放交易的成本与收益分析 [J]. 科学决策, 2011 (5)：36-59.

[174] 朱淀. 影响工业企业低碳生产意愿的主要因素研究——江苏省353 个案例 [J]. 科技进步与对策, 2011 (21)：87-92.

[175] 陈诗一. 边际减排成本与中国环境税改革 [J]. 中国社会科学, 2011 (3)：85-100.

[176] 王月伟, 刘军. 基于成本分析的排污权交易机制的一种理论模型 [J]. 经济纵横, 2011 (8)：55-58.

[177] 林海平. 区域排污权交易市场的交易成本研究 [J]. 现代管理科学, 2011 (7)：109-111.

[178] 李虹. 基于低碳经济视角的项目投资决策模式研究 [J]. 会计研究, 2011 (4)：88-92.

[179] 韩丽萍, 腾英跃, 孙保华. 信息共享对供应链时间压缩及成本的影响 [J]. 煤炭经济研究, 2011 (2)：52-56.

[180] 谢天保, 巨莹. 基于改进遗传算法的供应链物流成本优化模型研究 [J]. 科技管理研究, 2011 (6)：221-223.

[181] 祝桂芳, 张晓峰. 基于战略视角的供应链上关系成本研究 [J]. 中国管理信息化, 2011 (2)：57-58.

[182] 王蓉, 陈良华. 供应链成本理论 (SCC) 演进框架解析与中国应用展望 [J]. 东南大学学报 (哲学社会科学版), 2011, 13 (1)：28-32.

[183] 于晓红. 集团公司战略成本动因控制风险分析及其防范 [J]. 对外经贸, 2012 (3)：122-123.

［184］林靖珺. 企业碳排放成本的确认与计量研究［J］. 当代经济，2012（1）：43-45.

［185］杨颖. 四川省低碳经济发展效率评价［J］. 中国人口·资源与环境，2012（6）：52-56.

［186］谢东明. 排放权交易运行机制下我国企业排放成本的优化战略管理研究——基于企业目标和社会环保目标的实现［J］. 会计研究，2012（6）：81-93.

［187］门峰. 基于战略成本动因理论的汽车企业竞争力评价方法研究［J］. 价值工程，2012（2）：122-123.

［188］路超君. 中国低碳城市发展影响因素分析［J］. 中国人口·资源与环境，2012（6）：57-62.

［189］肖序，周志芳. 企业环境风险管理与环境负债评估框架研究［J］. 审计与经济研究，2012（2）：33-40.

［190］吴红利. 基于低碳经济观下企业环境成本的核算与控制研究［D］. 河南大学博士学位论文，2012.

［191］王冰. 产品生命周期碳成本研究［D］. 山东财经大学博士学位论文，2012.

［192］戴洁. 基于情景分析法的中国馆碳减排效益评估［J］. 中国人口·资源与环境，2012（2）：75-79.

［193］白宏涛. 中国战略环境评价中低碳评价指标体系拓展探讨［J］. 环境污染与防治，2012（2）：92-111.

［194］周守华，陶春华. 环境会计——理论综述与启示［J］. 会计研究，2012（2）：3-10.

［195］夏炎. 基于减排成本曲线演化的碳减排策略研究［J］. 中国软科学，2012（3）：12-22.

［196］穆林娟. 价值链成本管理为基础的跨组织资源整合——一个实地研究［J］. 会计研究，2012（5）：67-94.

［197］安崇义. 排放权交易机制下企业碳减排的决策模型研究［J］. 经

济研究，2012（8）：45-58.

[198] 胡安利.基于供应链和环境成本内部化的企业环境投资决策分析[D].北京交通大学博士学位论文，2012.

[199] 周五七，聂鸣.中国碳排放强度影响因素的动态计量检验[J].管理科学，2012（10）：99-107.

[200] 麦海燕，麦海娟.企业低碳水平的动态绩效评价[J].财务与会计，2013（1）：26-27.

[201] 刘维泉.国际碳排放期权套期保值分析以 EU+ETS 为例[J].软科学，2013（4）：38-44.

[202] 鲁钊阳.省域视角下农业科技进步对农业碳排放的影响研究[J].科学学研究，2013（5）：674-683.

[203] 关海玲，陈建成，曹文.碳排放与城市化关系的实证中国人口·资源与环境，2013（4）：111-116.

[204] 郑立群，张宇.我国省区低碳发展特征与目标研究[J].科技进步与对策，2013（3）：32-36.

[205] 宋德勇，刘习平.中国省际碳排放空间分配研究[J].中国人口·资源与环境，2013（5）：7-13.